"十四五"国家重点出版物出版规划项目

长江水生生物多样性研究丛书

国家出版基金项目
NATIONAL PUBLICATION FOUNDATION

赤水河 水生生物与保护

王剑伟 刘 飞 等 著

科 学 出 版 社 ｜ 山东科学技术出版社

北 京　　　　　　　　济 南

内 容 简 介

　　赤水河是长江上游唯一一条干流没有修建闸坝、仍然保持着自然流态的大型一级支流，同时也是长江上游珍稀特有鱼类国家级自然保护区的重要组成部分，在长江上游珍稀特有鱼类保护方面发挥着重要的作用，被誉为"长江上游珍稀特有鱼类最后的庇护所"。本书系统阐述了赤水河的流域概况、饵料生物、鱼类物种多样性、鱼类群落特征、鱼类繁殖特征、鱼类生活史特征以及鱼类营养多样性等；此外，本书针对目前赤水河水生生物保护面临的主要威胁进行了较为系统的剖析，并在此基础上提出了针对性的保护对策与建议。

　　本书可供保护区管理人员、教育科研工作者、政府管理人员、大专院校学者等参考使用。

审图号：GS 京〔2025〕0354 号

图书在版编目（CIP）数据

赤水河水生生物与保护 / 王剑伟等著 . -- 北京：科学出版社，2025.3. -- （长江水生生物多样性研究丛书）. -- ISBN 978-7-03-081116-5

Ⅰ. Q178.51

中国国家版本馆 CIP 数据核字第 2025TJ9727 号

责任编辑：王　静　朱　瑾　习慧丽　陈　昕　徐睿璠 / 责任校对：郑金红
责任印制：肖　兴　王　涛 / 封面设计：懒　河

科学出版社 和 山东科学技术出版社　联合出版
北京东黄城根北街 16 号
邮政编码：100717
http://www.sciencep.com
北京中科印刷有限公司印刷
科学出版社发行　各地新华书店经销
*
2025 年 3 月第　一　版　开本：787×1092　1/16
2025 年 3 月第一次印刷　印张：11
字数：261 000
定价：150.00 元
（如有印装质量问题，我社负责调换）

"长江水生生物多样性研究丛书"

组织撰写单位

组织单位　中国水产科学研究院

牵头单位　中国水产科学研究院长江水产研究所

主要撰写单位

中国水产科学研究院长江水产研究所

中国水产科学研究院淡水渔业研究中心

中国水产科学研究院东海水产研究所

中国水产科学研究院资源与环境研究中心

中国水产科学研究院渔业工程研究所

中国水产科学研究院渔业机械仪器研究所

中国科学院水生生物研究所

中国科学院南京地理与湖泊研究所

中国科学院精密测量科学与技术创新研究院

水利部中国科学院水工程生态研究所

国家林业和草原局中南调查规划院

华中农业大学

西南大学

内江师范学院

江西省水产科学研究所

湖南省水产研究所

湖北省水产科学研究所

重庆市水产科学研究所

四川省农业科学院水产研究所

贵州省水产研究所

云南省渔业科学研究院

陕西省水产研究所

青海省渔业技术推广中心

九江市农业科学院水产研究所

其他资料提供及参加撰写单位

全国水产技术推广总站

中国水产科学研究院珠江水产研究所

中国科学院成都生物研究所

曲阜师范大学

河南省水产科学研究院

序

长江，作为中华民族的母亲河，承载着数千年的文明，是华夏大地的血脉，更是中华民族发展进程中不可或缺的重要支撑。它奔腾不息，滋养着广袤的流域，孕育了无数生命，见证着历史的兴衰变迁。

然而，在时代发展进程中，受多种人类活动的长期影响，长江生态系统面临严峻挑战。生物多样性持续下降，水生生物生存空间不断被压缩，保护形势严峻。水域生态修复任务艰巨而复杂，不仅关乎长江自身生态平衡，更关系到国家生态安全大局及子孙后代的福祉。

党的十八大以来，以习近平同志为核心的党中央高瞻远瞩，对长江经济带生态环境保护工作作出了一系列高屋建瓴的重要指示，确立了长江流域生态环境保护的总方向和根本遵循。随着生态文明体制改革步伐的不断加快，一系列政策举措落地实施，为破解长江流域水生生物多样性下降这一世纪难题、全面提升生态保护的整体性与系统性水平创造了极为有利的历史契机。

为了切实将长江大保护的战略决策落到实处，农业农村部从全局高度统筹部署，精心设立了"长江渔业资源与环境调查（2017—2021）"项目（简称长江专项）。此次调查由中国水产科学研究院总牵头，由危起伟研究员担任项目首席专家，中国水产科学研究院长江水产研究所负责技术总协调，并联合流域内外24家科研院所和高校开展了一场规模宏大、系统全面的科学考察。长江专项针对长江流域重点水域的鱼类种类组成及分布、鱼类资源量、濒危鱼类、长江江豚、渔业生态环境、消落区、捕捞渔业和休闲渔业等8个关键专题，展开了深入细致的调查研究，力求全面掌握长江水生生态的现状与问题。

"长江水生生物多样性研究丛书"便是在这一重要背景下应运而生的。该丛书以长江专项的主要研究成果为核心，对长江水生生物多样性进行了深度梳理与分析，同时广泛吸纳了长江专项未涵盖的相关新近研究成果，包括长江流域分布的国家重点保护野生两栖类、爬行类动物及软体动物的生物学研究和濒危状况，以及长江水生生物管理等有关内容。该丛书包括《长江鱼类图鉴》《长江流域水生生物多样性及其现状》《长江国家重点保护水生野生动物》《长江流域渔业资源现状》《长江重要渔业水域环境现状》《长江流域消落区生态环境空间观测》《长江外来水生生物》《长江水生生物保护区》《赤水河水生生物与保护》《长江水生生物多样性管理》共 10 分册。

这套丛书全面覆盖了长江水生生物多样性及其保护的各个层面，堪称迄今为止有关长江水生生物多样性最为系统、全面的著作。它不仅为坚持保护优先和自然恢复为主的方针提供了科学依据，为强化完善保护修复措施提供了具体指导，更是全面加强长江水生生物保护工作的重要参考。通过这套丛书，人们能够更好地将"共抓大保护，不搞大开发"的要求落到实处，推动长江流域形成人与自然和谐共生的绿色发展新格局，助力长江流域生态保护事业迈向新的高度，实现生态、经济与社会的可持续发展。

中国科学院院士：陈宜瑜

2025 年 2 月 20 日

前　言

- -

  长江是中华民族的母亲河,是我国第一、世界第三大河。长江流域生态系统孕育着独特的淡水生物多样性。作为东亚季风系统的重要地理单元,长江流域见证了渔猎文明与农耕文明的千年交融,其丰富的水生生物资源不仅为中华文明起源提供了生态支撑,更是维系区域经济社会可持续发展的重要基础。据初步估算,长江流域全生活史在水中完成的水生生物物种达4300种以上,涵盖哺乳类、鱼类、底栖动物、浮游生物及水生维管植物等类群,其中特有鱼类特别丰富。这一高度复杂的生态系统因其水文过程的时空异质性和水生生物类群的隐蔽性,长期面临监测技术不足与研究碎片化等挑战。

  现存的两部奠基性专著——《长江鱼类》(1976年)与《长江水系渔业资源》(1990年)系统梳理了长江206种鱼类的分类体系、分布格局及区系特征,揭示了环境因子对鱼类群落结构的调控机制,并构建了50余种重要经济鱼类的生物学基础数据库。然而,受限于20世纪中后期的传统调查手段和以渔业资源为主的单一研究导向,这些成果已难以适应新时代长江生态保护的需求。

  20世纪中期以来,长江流域高强度的经济社会发展导致生态环境急剧恶化,渔业资源显著衰退。标志性物种白鱀豚、白鲟的灭绝,鲥的绝迹,以及长江水生生物完整性指数降至"无鱼"等级的严峻现状,迫使人类重新审视与长江的相处之道。2016年1月5日,在重庆召开的推动长江经济带发展座谈会上,习近平总书记明确提出"共抓大保护,不搞大开发",为长江生态治理指明方向。在此背景下,农业农村部于2017年启动"长江渔业资源与环境调查(2017—2021)"财政专项(以下简称长江专项),开启了长江水生生物系统性研究的新阶段。

  长江专项联合24家科研院所和高校,组织近千名科技人员构建覆盖长江干流(唐古拉山脉河源至东海入海口)、8条一级支流及洞庭湖和鄱阳湖的立体监测网络。采用20km×20km网格化站位与季节性同步观测相结合等方式,在全流域65个固定站位,开展了为期五年(2017~2021年)的标准化调查。创新应用水声学探测、遥感监测、无人机航测等技术手段，首次建立长江流域生态环境本底数据库，结合水体地球化学技术解析水体环境时空异质性。长江专项累计采集 25 万条结构化数据，建立了数据平台和长江水生生物样本库，为进一步研究评估长江鱼类生物多样性提供关键支撑。

本丛书依托长江专项调查数据，由青年科研骨干深入系统解析，并在唐启升等院士专家的精心指导下，历时三年精心编集而成。研究深入揭示了长江水生生物栖息地的演变，获取了长江十年禁渔前期（2017～2020 年）长江水系水生生物类群时空分布与资源状况，重点解析了鱼类早期资源动态、濒危物种种群状况及保护策略。针对长江干流消落区这一特殊生态系统，提出了自然性丧失的量化评估方法，查清了严重衰退的现状并提出了修复路径。为提升成果的实用性，精心收录并厘定了 430 种长江鱼类信息，实拍 300 余种鱼类高清图片，补充收集了 130 种鱼类的珍贵图片，编纂完成了《长江鱼类图鉴》。同时，系统梳理了长江水生生物保护区建设、外来水生生物状况与入侵防控方案及珍稀濒危物种保护策略，为管理部门提供了多维度的决策参考。

《赤水河水生生物与保护》是本丛书唯一一本聚焦长江支流的分册。赤水河作为长江唯一未在干流建水电站的一级支流，于 2017 年率先实施全年禁渔，成为长江十年禁渔的先锋，对水生生物保护至关重要。此外，中国科学院水生生物研究所曹文宣院士团队历经近 30 年，在赤水河开展了系统深入的研究，形成了系列成果，为理解长江河流生态及生物多样性保护提供了宝贵资料。

本研究虽然取得重要进展，但仍存在监测时空分辨率不足、支流和湖泊监测网络不完善等局限性。值得欣慰的是，长江专项结题后农业农村部已建立常态化监测机制，组建"长江流域水生生物资源监测中心"及沿江省（市）监测网络，标志着长江生物多样性保护进入长效治理阶段。

在此，谨向长江专项全体项目组成员致以崇高敬意！特别感谢唐启升、陈宜瑜、朱作言、王浩、桂建芳和刘少军等院士对项目立项、实施和验收的学术指导，感谢张显良先生从论证规划到成果出版的全程支持，感谢刘英杰研究员、林祥明研究员、方辉研究员、刘永新研究员等在项目执行、方案制定、工作协调、数据整合与专著出版中的辛勤付出。衷心感谢农业农村部计划财务司、渔业渔政管理局、长江流域渔政监督管理办公室在"长江渔业资源与环境调查（2017—2021）"专项立项和组织实施过程中的大力指导，感谢中国水产科学研究院在项目谋划和组织实施过程中的大力指导和协助，感谢全国水产技术推广总站及沿江上海、江苏、浙江、安徽、江西、河南、湖北、湖南、重庆、四川、贵州、云南、陕西、甘肃、青海等省（市）渔业渔政主管部门的鼎力支持。最后感谢科学出版社编辑团队辛勤的编辑工作，方使本丛书得以付梓，为长江生态文明建设留存珍贵科学印记。

危起伟　研究员

曹文宣　院士

中国水产科学研究院长江水产研究所　　中国科学院水生生物研究所

2025 年 2 月 12 日

前　言

- -

赤水河是长江上游右岸一级支流，发源于云南省昭通市镇雄县赤水源镇银厂村彪水岩，流经云、贵、川 3 省 15 个县市区，在四川省合江县汇入长江，流域面积 21 010 km²。赤水河素有"美酒河""美景河""英雄河""生态河"之美誉，在区域经济社会发展和文化传承等方面具有重要价值，同时也是长江上游重要的生态屏障，具有重要的生态功能。

作为目前长江上游唯一一条干流尚未修建闸坝、仍然保持着自然流态的大型一级支流，赤水河的生态保护价值尤其令人瞩目。为了缓解金沙江下游水电梯级开发给长江上游珍稀特有鱼类带来的不利影响，2005 年国务院批准成立了长江上游珍稀特有鱼类国家级自然保护区。由于赤水河具有独特、完整、自然的生态环境以及丰富的鱼类多样性，其整个干流以及部分源头支流均被纳入了该保护区，受保护的江段占保护区总河长的 54%。调查表明，赤水河流域分布有土著鱼类 150 余种，其中包括 2 种国家一级重点保护鱼类（白鲟和长江鲟）、10 种国家二级重点保护鱼类（鲈、圆口铜鱼、长鳍吻鮈、金沙鲈鲤、四川白甲鱼、岩原鲤、胭脂鱼、长薄鳅、红唇薄鳅和青石爬鳅）以及四十余种长江上游特有鱼类，占整个保护区珍稀特有鱼类物种数量的 2/3 左右。此外，绝大部分受金沙江下游水电开发影响的珍稀特有鱼类，如长薄鳅、岩原鲤、昆明裂腹鱼等，都可以在赤水河完成其整个生活史过程。因此，赤水河对于减缓金沙江下游水电梯级开发对珍稀特有鱼类的不利影响具有重要作用。随着金沙江下游以及长江上游主要支流水电梯级开发的逐步实施，长江上游珍稀特有鱼类国家级自然保护区干流江段的水域生态环境将发生深刻的变化，生活于该区域的珍稀特有鱼类的生长与繁殖活动将受到明显的影响。而赤水河由于不会受到金沙江下游水电梯级开发的影响，在珍稀特有鱼类保护方面的价值进一步凸显，被誉为"长江上游珍稀特有鱼类最后的庇护所"。

在农业财政专项"长江渔业资源与环境调查"、科技基础资源调查专项"赤水河流域水生生物多样性和濒危鱼类迁地保护潜力调查"、中国长江三峡集团有限公司"长江上游珍稀特有鱼类国家级自然保护区及相关水域水生生态环境监测"等项目的资助下，本书对赤水河流域水生生物多样性现状，特别是鱼类物种多样性、鱼类群落特征、鱼类繁殖特征、鱼类生活史特征和鱼类营养多样性等，进行了较为系统的研究；同时，本书对目前赤水河水生生物保护面临的主要威胁进行了剖析，并提出了针对性的保护对策与建议。相关结果有助于了解自然河流状态下鱼类多样性的时空格局及其环境适应，同时也可以为赤水河生态环境保护与修复提供重要的科学依据。

本书的编写得到了相关部门的大力支持。贵州省农业农村厅渔业渔政管理处杨绪海、向海军和廖中华等，贵州省渔业局高敏、陈安和田沛等，遵义市农业农村局周招洪和朱忠胜等，毕节市农业农村局陈敦学和汤健等，赤水市农业农村局唐尚坤、黄锡阳、娄必云、杨光辉和黎良等，仁怀市农业农村局李云等，习水县农业农村局张劲松和付强等，桐梓县农业农村局陈兴奇和付晓虎等，四川省水产局张志英和李洪等，合江县农业农村局王轩昂、熊福军和苟忠友等，古蔺县农业农村局祁联飞、罗刚和代元兴等，长江上游珍稀特有鱼类国家级自然保护区云南管护局庄清海、艾祖军、申睿、赵祖权、余廷松和陈文善等，贵州省长江上游珍稀特有鱼类国家级自然保护区保护中心邓伯龙和刘定明等，在野外调查工作中给予了大量帮助。

本书野外调查、室内实验和数据分析等工作主要由中国科学院水生生物研究所的王俊、张富斌、王雪、罗思、邱宁、翟东东、张智、李文静、秦强、张文武、余梵冬、夏治俊和徐椿森等完成，刘飞等负责整理。

由于水平有限，疏漏和不足之处在所难免，敬请广大读者和同行批评指正。

王剑伟　刘飞

2023 年 10 月

目　录

01

第 1 章　赤水河流域概况

1.1 自然环境概况

1.1.1 地理位置

赤水河，古称赤虺河、安乐水或大涉水等，因河流水色赤黄而得名。赤水河发源于云南省昭通市镇雄县赤水源镇银厂村彪水岩，流经云、贵、川 3 省 15 个县市区，在四川省合江县汇入长江，干流全长 436.5 km，流域面积 21 010 km²。河流整体轮廓呈现出向东南凸起的不规则弧形，河源至大湾鱼洞乡大洞口称为鱼洞河，随后东流至云、贵、川交界处的鸡鸣三省，纳入渭河后折向东北流，成为四川省叙永县、古蔺县与贵州省毕节市的界河；至四川省叙永县石关折向东南流，至贵州省毕节市小河（堡合河）河口折向东北流，在金沙县汇入普子河后为仁怀市和古蔺县界河，沿川黔边界至茅台镇后折向西北流，右纳桐梓河，经太平渡、元厚，至复兴，左纳枫溪河，在赤水市折向东北流，进入四川省合江县，右纳习水河后汇入长江（图 1.1）。

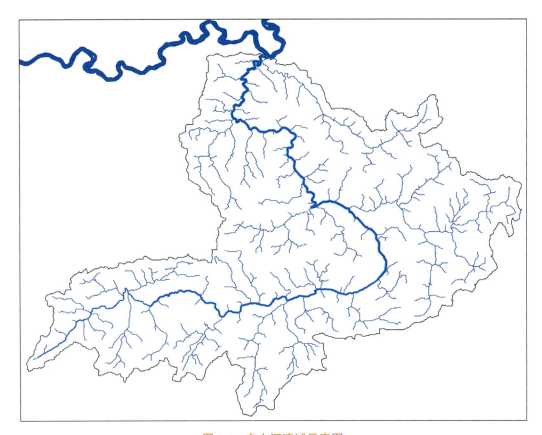

图 1.1　赤水河流域示意图

1.1.2 地形地貌

赤水河流经云、贵、川 3 省 15 个县市区，天然落差将近 1500 m，平均比降 3.38‰。茅台镇以上区域为上游，河流长 224.7 km，天然落差 1274.8 m。茅台镇至赤水市为中游，河流长 157.8 km，天然落差 182.9 m。赤水市至河口为下游，河流长 54 km，天然落差 16.26 m（黄真理，2008）。上游和中游山谷幽深、水流湍急，喀斯特地貌发育，石漠化比较严重；下游河宽水深，水流平缓，此区域大范围出露侏罗 - 白垩系红色岩石，发育类型以剥蚀 - 侵蚀红岩中山、低山和丘陵为主，呈现出典型的丹霞地貌（陈建庚，1999）。

赤水河流域地处云贵高原和四川盆地接壤地带，自乌蒙山以东至大娄山西北麓，流域地势西南高而东北低，地貌以高山丘陵为主，喀斯特地貌和丹霞地貌发育，沿河地貌大致分为高原区、山麓区和丘陵区 3 个部分（王俊，2015）。沿二郎镇往上为高原区，地处云贵高原，海拔 1000～1600 m，谷深坡陡，山势陡峭，两岸多为悬崖峭壁，河床坡降大，险滩层叠，水流湍急。二郎镇以下到复兴镇为四川盆地边缘，属于山麓区，两岸海拔 500～1000 m，该地区属于高原和盆地的斜坡地带，河谷变宽，两岸有台地分布，水流平缓，多有险滩。赤水市复兴镇往下为丘陵区，两岸有丘陵起伏，沿岸海拔 200～500 m，岸边台地较多，河谷宽阔，耕地集中，人口密度较大（吴正褆，2001）。

赤水河流域的土壤主要是黄壤土和紫色土，黄壤土大面积分布在赤水河的中上游区域，此外，上游山地还分布有黄棕壤土，下游广泛分布有紫色土。赤水河及习水河下游河谷地带主要分布有黄红壤土（黄真理，2008；吴金明，2011）。

1.1.3 河流水系

赤水河流域水系发育完善，支流众多，且支流东南岸多于西北岸。东南岸的主要支流有铜车河、渭河、堡合河、二道河、九仓河、五马河、盐津河、桐梓河、水潮河和习水河等，这些支流大部分源自大娄山东南麓；西北岸的支流相对较小，主要有妥泥河、扎西河、倒流河、白沙河、古蔺河、同民河、风溪河和大同河等（贵州省地方志编纂委员会，1985）。河流长度大于 100 km 的有桐梓河和习水河 2 条；河流长度介于 50 km 至 100 km 的支流有二道河、古蔺河、堡合河、大同河和倒流河 5 条；其他支流长度均在 50 km 以下。流域面积大于 1000 km² 的支流有桐梓河、习水河、二道河和古蔺河 4 条；流域面积介于 500 km² 至 1000 km² 的支流有大同河、堡合河和倒流河 3 条；其他支流流域面积均在 500 km² 以下（表 1.1）。因此，无论是从河流长度还是流域面积来看，桐梓河均为赤水河第一大支流，习水河为赤水河第二大支流，二道河为赤水河第三大支流。

表 1.1 赤水河部分主要一级支流特征值（流域面积 ≥ 100 km²）

河流名称	岸别	流域面积（km²）	河长（km）	落差（m）	比降（‰）	多年平均流量（m³/s）
扎西河	左	335	32	390	12.0	5.4
倒流河	左	608	51	470	9.2	8.8

续表

河流名称	岸别	流域面积 （km²）	河长 （km）	落差 （m）	比降 （‰）	多年平均流量 （m³/s）
渭河	右	307	37	1130	30.0	—
堡合河	右	683	61.5	1060	17.2	—
二道河	右	1353	68.5	1470	21.5	17.0
九仓河	右	363	42	620	21.4	3.1
五马河	右	446	39.3	333.7	9.9	5.0
盐津河	右	316	37.6	841	21.7	4.4
桐梓河	右	3348	122	588	4.8	52.9
古蔺河	左	1350	62	700	—	20.0
同民河	左	130.1	45.9	1395	3.0	2.6
水潦河	右	194.6	30.2	957	3.2	2.5
风溪河	左	324	42.8	791.6	25.7	6.5
大同河	左	783	60	870	17	15.0
习水河	右	1600	116	725	6.3	24.2

"—"表示无数据

1.1.4　气候

赤水河流域地处云贵高原和四川盆地接壤地带，属于亚热带季风气候，夏天潮湿酷热，冬天干燥寒冷，无霜期长，降水量大，气候温暖湿润，各县市区的平均气温为 11.3～18.1℃。流域内多年平均降水量为 1214.6 mm，年最高降水量为 1621.6 mm，年最低降水量为 613.7 mm。降水多集中在 6～9 月，占全年降水量的 60% 左右，冬季降水稀少，12 月到翌年 1 月的降水量仅占全年的 4% 左右。赤水河流域的气候地域之间差异较大，上游三岔以上区域即河源区，属于暖温带高原气候，气温较低；中下游四川盆地丘陵地带为盆地亚热带湿润气候，河谷内气温较高，云雾多，日照少，多年平均相对湿度达到 82%。

上下游气候差异较大，微气候类型众多，河源区域属于高原区，气候在垂直方向上分布较为明显，微气候差异显著。此地区气温较低，年平均气温为 11.3～13.3℃，然而最低气温可达 −11.9℃。年平均降水量为 915～1059 mm，湿度较大，降水量分配均匀。日照时间短，年有效积温为 3208～3951℃。夏季时间短而冬季时间较长，四季差异不明显，无霜期为 152～319 d。

中上游气候温暖湿润，冬季日照短，多阴雨天气，夏季湿热多雨水。此区域年平均气温为 13.1～17.6℃，最低温度达到 −8.8℃，最高气温为 38.4℃。年平均降水量为 749～1286 mm，年有效积温为 3920～4770℃，无霜期为 320 d。

下游属于亚热带气候区，气温高，光照时间长，降水量大，四季分明。此区域年平均气温为 18.1～18.2℃，最高温度甚至可达 41.3℃。年平均降水量为 1189～1286 mm，年有效积温为 5800～5888℃，无霜期 357 d（贵州省环境保护科学研究所，1990；王忠锁等，2007）。

1.1.5　水文泥沙

赤水河属于典型的山区雨源型河流，径流主要由降水形成，其时空变化规律与降水时空变化规律基本一致，流域径流深等值线的分布与年降水量等值线的分布趋势相对一致。赤水河枯水期的径流主要靠地下水的补充，丰水期的径流主要来自降水，洪水暴涨暴落，峰值较高，历时短。根据对赤水河的实地考察和水文站点的资料记录可知，赤水河多年平均径流量为 82.17 亿 m³，历史最大年径流量为 140.7 亿 m³（1954 年），历史最小年径流量为 49.72 亿 m³（1963 年）（谭智勇，1994）。流域年平均径流深为 493 mm，从上游至下游呈现出递增的趋势，中上游径流深为 300～400 mm，下游径流深为 400～700 mm，径流年际变化较小，年内分配不均匀，洪枯流量变化较大（图 1.2）。冬春季 10 月至翌年 4 月降水量较小，径流量也小；夏秋季 6 月至 9 月降水量多，径流量大。年内最枯月份为 1 月或 2 月，最丰月份为 6 月或 7 月。

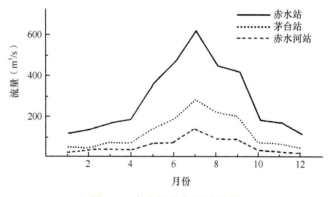

图 1.2　赤水河多年平均流量

河口多年平均流量为 309 m³/s，实测最大流量为 9890 m³/s（1953 年）；多年平均年侵蚀指数为 870 t/km²，年输沙量为 718 万 t，含沙量为 0.927 kg/m³。汛期输沙量占全年的 90% 以上，最高达 97%，主汛期输沙量占全年输沙量的 50%～78%。长期以来，上游地区过度垦殖、乱砍滥伐等使得流域内植被被严重破坏，水土流失严重，河流含沙量升高，生态环境退化；中下游地区工业化活动导致当地生态环境和赤水河水质受到严重影响（陈蕾等，2011）。茅台江段年输沙量由 20 世纪 80 年代前的 450 万 t 减少到现在的 316 万 t。

1.1.6　生物多样性

赤水河流域地处云贵高原和四川盆地接壤地带，复杂的生境、独特的地形地貌、多变的水文条件、独特的气候条件、不同的土地利用方式等使得赤水河孕育了高度的生境异质性和生物多样性。赤水河流域植物区系在划分上处于泛北极植物区和古热带植物区交会和分界地带，植物多样性特色分明，古老、特有植物较多。据不完全统计，仅仅是赤水河中下游 3 个国家级保护区内就分布有植物 257 科 883 属 1700 余种，其中水生浮游植物有 16 科 35 属，苔藓植物有 41 科 60 属 67 种，蕨类植物有 34 科 53 属 104 种，种子植物有 165 科 735 属 1529 种（王忠锁等，2007），国家重点保护（Ⅰ、Ⅱ、Ⅲ级）野生植物达 38 种。

在动物多样性方面，赤水河流域的动物区系组成主要是东洋界成分，兽类和鸟类以东南亚 - 亚热带类型为主，其次是旧大热带 - 亚热带类型、横断山 - 喜马拉雅分布类型（任晓冬，2010）。据不完全统计，赤水河流域内分布有浮游动物 70 属 126 种、底栖无脊椎动物 64 科 215 种、两栖爬行动物 10 科 17 属 20 种、鸟类 19 科 88 属 126 种、兽类 21 科 39 属 44 种（王忠锁等，2007），其中国家Ⅰ级重点保护野生动物有 5 种，Ⅱ级重点保护野生动物有 27 种（《赤水河保护与发展调查》专家组，2007；梁琴，2010）。

丰富的生物多样性资源，尤其是大量濒危保护野生动物的分布决定了赤水河流域在生物多样性保护中的重要地位。而其至今尚未建坝的干流更成为长江上游珍稀特有鱼类的重要避难所和保护地。目前，赤水河流域已建成各级自然保护区 10 余个，其中国家级自然保护区有 4 个，省级自然保护区有 2 个，市级自然保护区有 1 个，县级自然保护区有 7 个（曹文宣，2000；贵州省环境保护局，1990；胡鸿兴等，2000），赤水河流域县级及以上自然保护区见表 1.2。

表 1.2　赤水河流域县级及以上自然保护区

保护区名称	成立时间	面积（hm²）	保护级别	地点	主要保护对象
长江上游珍稀特有鱼类国家级自然保护区	2005 年	4 057	国家级	赤水河源至赤水河口	70 种珍稀特有鱼类以及大鲵和水獭及其生存的重要生境
习水中亚热带常绿阔叶林国家级自然保护区	1997 年	48 666	国家级	习水县西北部	中亚热带常绿阔叶林森林生态系统及珍稀野生动植物
贵州赤水桫椤国家级自然保护区	1984 年	13 300	国家级	赤水市葫市镇、元厚镇	桫椤及其生态环境
四川画稿溪国家级自然保护区	2003 年	23 827	国家级	叙永县	亚热带原始山地常绿阔叶林生态系统、桫椤和川南金花茶
贵州百里杜鹃省级自然保护区	2007 年	10 892.4	省级	黔西县与大方县交界处	杜鹃及其森林生态系统
四川古蔺黄荆省级自然保护区	2004 年	16 125	省级	古蔺县黄荆镇	原始自然生态系统及景观
古蔺县二郎自然保护区	2001 年	1 500	市级	古蔺县二郎镇	森林生态系统
毕节罩子山自然保护区	2002 年	2 513.4	县级	毕节市七星关区	森林生态系统
大方福建柏自然保护区	1992 年	56	县级	大方县与金沙县相邻地带	福建柏及其森林生态系统

续表

保护区名称	成立时间	面积（hm²）	保护级别	地点	主要保护对象
大方九龙山自然保护区	1992 年	1 200	县级	大方县东部	森林生态系统
冷水河自然保护区	1992 年	2 830	县级	金沙县	中亚热带常绿阔叶林、福建柏等森林生态系统
福建柏自然保护区	1999 年	100	县级	金沙县平坝镇	福建柏及其森林生态系统
习水县大杉树自然保护区	2000 年	9.13	县级	习水县	"中国杉木王"及其周边生态环境
赤水市原生林及野生动植物资源自然保护区	1990 年	28 000	县级	赤水市南部	常绿阔叶林森林生态系统及珍稀动植物

1.2　社会经济概况

1.2.1　行政区划

　　赤水河流域处于云、贵、川 3 省接壤地带，地理位置位于 27°20′～28°50′N、104°45′～106°51′E，发源于云南省昭通市镇雄县赤水源镇银厂村彪水岩，至四川省合江县注入长江，流经云南省昭通市的镇雄县和威信县，贵州省毕节市的七星关区、大方县和金沙县，遵义市的仁怀市、习水县、赤水市、桐梓县、汇川区和播州区，以及四川省泸州市的叙永县、古蔺县、纳溪区和合江县等 3 省 15 个县市区，流域面积为 21 010 km²，其中云、贵、川 3 省的流域面积分别占比 10%、59% 和 31%。赤水河干流主要涉及云南省的镇雄和威信县，贵州省的七星关区、金沙县、仁怀市、习水县、赤水市，以及四川省的叙永县、古蔺县、合江县 10 个县市区。

1.2.2　社会经济

　　根据 2008 年各县市区的统计资料可知，赤水河流域的总人口数为 463 万。流域内分布有苗、彝、侗、满、仡佬、蒙古、土家、白、纳西、藏、壮、布依等 16 个少数民族，各少数民族的社会形态和文化特征形成了赤水河流域独特的民族文化。按照县级单位计算人口密度，赤水河流域人口密度达 282 人 /km²，属于云、贵、川 3 省人口密度较高地区，尤其是上游的人口密度远远高于 3 省的平均人口密度（任晓冬，2010）。

　　赤水河流域属于经济欠发达地区，流域内 2012 年人均可支配收入为 19 033 元，高于云南省的平均水平（14 425 元）和贵州省的平均水平（12 863 元），但是低于四川省的平均水平（20 407 元），更是远远低于全国平均水平（24 565 元）（黄征学，2014）。由于流域内经济不发达、农业人口较多、生产力低下等种种因素的制约，赤水河流域内目前以农业生产作为流域内的主要经济支柱。流域内的农业类型以种植业为主，主要的粮食作物是水稻、小麦、玉米和豆类，其他的经济作物有油菜、烟叶、茶叶、水果等。赤水河流域的中下游区域盛产一种叫作"楠竹"的林业产品，形成了以竹子为手工制品和以竹笋为小吃产业的经济贸易，因此这片区域也有着"楠竹之乡"的美称。

赤水河流域内的工业基础较为薄弱，企业大部分是县办或者乡办的私营企业，流域内各县市区基本处于工业化初级阶段。近年来，赤水河工业化进程加快，随着酿酒、煤化工、火电与大型纸浆、造纸等行业的迅速发展，流域内城市化进程也加快，但是流域内总体上还是处于工业化初期阶段。

赤水河流域内的酿造业极为发达，赤水河也是中国最著名的"美酒河"，两岸民间自古以来就有酿酒的传统。据汉文献记载，公元前135年（西汉年间）赤水河就已经酿造出了令汉武帝"甘美之"的赤水枸酱酒。白酒行业的蓬勃发展不仅让赤水河"美酒河"的美名举世皆知，还为流域内的经济发展做出了巨大贡献。贵州省仁怀市茅台镇是有"国酒"美誉的茅台酒的生产基地，白酒行业对仁怀市的财政贡献率达到了惊人的70%。2008年仁怀市全市白酒产量达10万t，规模工业产值为128.5亿元（翟红娟和邱凉，2011）。赤水河独特的地理环境和水文气候特性，尤其是赤水河河谷独特的微生物群落是酿造茅台等美酒无可替代的生物条件，同时优良的水质条件也为酿造美酒提供了便利，也因此孕育了茅台酒、董酒、习酒、郎酒、望驿台酒、谭酒、怀酒等数十种蜚声中外的美酒。一条河流酝酿出品类如此繁多的美酒，形成其独特的酒文化，这种举世罕见的现象背后是赤水河流域独特的自然环境和历史人文因素。

赤水河的上游由于处于高原区，两岸多悬崖峭壁，生态系统较为脆弱，产业结构以农业为主；赤水河中游的酿造业十分发达，酿造的茅台等白酒举世闻名，但是优质白酒的酿造除了与赤水河中游的优质水源有关，还需要上游的农业所提供的优质粮食作物；近年来，赤水河下游的旅游业发展较为迅速，为流域内的经济发展做出了极大的贡献。旅游业的发展离不开良好的环境和自然景观，因此，赤水河流域内的经济发展与环境资源和生物多样性之间密切相关，若是可以协调可持续发展，就可以实现双赢。

1.2.3 土地利用

赤水河流域的土地利用以耕地、林地和灌草地为主。其中，耕地面积为5606.70 km²，占土地总面积的27.43%；林地面积为12 429.56 km²，占土地总面积的60.81%；灌草地面积为1855.95 km²，占土地总面积的9.08%，三者土地面积之和为19 892.21 km²，占土地总面积的97.32%（赵静等，2015）。

赤水河流域地处云贵高原和四川盆地接壤地带，地貌以高山丘陵为主，喀斯特地貌和丹霞地貌发育；气候属于亚热带季风气候，温暖湿润，无霜期长，降水量大；赤水河属于山区雨源型河流，径流主要由降水形成，年际径流差距较小，年内径流分布不均，洪枯水位变化较大。流域内地形地貌、气候、水文条件的复杂性和多样性也因此造就了赤水河流域内多样的植被类型。

三岔以上的河源区为典型的云贵高原山地丘陵景观，两岸多悬崖峭壁，山体陡峭，主要的生态系统类型是林地、旱作农田、坡耕地和草地等。林地以人工云南松、马尾松和亚热带次生常绿阔叶林为主，总的特征是物种数目较少，群落结构较简单，生态系统的生产力较低，物种多样性较低。中上游区段林地由亚热带常绿针叶林、常绿阔叶林、常绿落叶混交林演变为次生常绿落叶阔叶林和人工经济林，灌丛和草地面积减小，森林覆盖率上升，农田仍然以旱作坡耕地为主，河谷滩地较少。下游区段以亚热带次生和原始森林、农田为主，灌丛和草地少见。林地以亚热带常绿阔叶林、落叶阔叶林、人工竹林为主，森林覆盖率达45% 以上，沿河两岸高达近70%。原始落叶阔叶林为重要的生物多样性残留地区，因此具有极高的保护价值，农田以水田为主，旱作农田主要在山坡或山缘高地。下游的生态系统生产力水平高，物种多样性丰富（王忠锁等，2007）。赤水河流域同时也是我国人口、资源、环境矛盾最为突出的地区之一。流域内的森林面积偏小，覆盖率低，且以幼龄林、中龄林和灌木林为主，水土涵养能力低，生态系统较脆弱，抵抗力和恢复能力差。自1950年至2009年将近60年的时间内，流域上游地区的森林覆盖率从35%降到20%左右。同时由于流域内的地形以山地高原为主，高农地利用率和高垦殖率加重了流域内的水土流失。流域干支流上游主要是喀斯特地貌，水土流失较为严重，并已经产生了大面积石漠化（任晓冬和黄明杰，2009）。赤水河流域水土流失面积为9520.49 km²，占土地总面积的46.58%，其中轻度流失面积为4400.35 km²，占水土流失面积的46.22%；中度流失面积为3710.06 km²，占水土流失面积的38.97%；强烈流失面积为1277.51 km²，占水土流失面积的13.42%；极强烈流失面积为130.50 km²，占水土流失面积的1.37%；剧烈流失面积为3.42 km²，占水土流失面积的0.04%。年平均土壤侵蚀总量为0.21亿t，年平均土壤侵蚀模数为2300 t/km²，是长江流域水土流失较为严重的地区之一，属于国家级水土流失重点治理区（赵静等，2015）。

1.3 生态保护历史

赤水河流域的生态环境保护工作历来受到中央和各级地方政府以及专家学者的高度重视。

1972年，周恩来总理在全国计划工作会上明确表示，为了保证茅台酒的质量，赤水河茅台酒厂上游100 km内不准建工厂，特别是化工厂。

20世纪90年代初，中国科学院水生生物研究所曹文宣院士等率先提出在赤水河建立长江上游特有鱼类自然保护区，作为一种重要补偿措施以保护受三峡工程和长江上游水电梯级开发影响的长江上游特有鱼类。1991年，中国科学院环境评价部和长江水资源保护科学研究所编写的《长江三峡水利枢纽环境影响报告书》指出，三峡工程将使约40种长江上游特有鱼类受到影响。同时，该报告还特别提到上游干支流陆续兴建水利工程、形成梯级开发后对特有鱼类的影响问题，"对于上游梯级开发所产生的叠加的环境影响，应引起高度的重视，届时上游大量特有鱼类的栖息环境、食物种类，特别是繁殖条件，都将发生显著的变化，可能除了栖息于青藏高原河源段的少数种类外，大多数特有种的生存将受到严重威胁。因此，及早选择1～2条支流建立特有鱼类自然保护区是十分必要的"。

1993 年《长江三峡水利枢纽初步设计报告（枢纽工程）（第十一篇：环境保护）》则明确提出，选择赤水河或 1～2 条有 20～30 种特有鱼类栖息、繁殖的支流建立自然保护区，原则上可以考虑。

1992～1995 年，中国科学院水生生物研究所、四川省自然资源研究所和贵州省遵义医学院生物系承担了国家"八五"科技攻关项目子专题"长江上游鱼类自然保护区选址与建区方案的研究"，对赤水河的水生生物进行了较为全面系统的调查研究，这为赤水河成为特有鱼类自然保护区奠定了基础。

1995 年底，中国科学院水生生物研究所主持了国务院三峡建设委员会办公室"长江上游特有鱼类保护方法研究"课题，对赤水河流域的鱼类组成和生态环境进行了进一步的调研，探索在赤水河建立长江珍稀特有鱼类保护区的可能性。

1996 年 1 月，国务院三峡建设委员会办公室、中国科学院水生生物研究所、农业部渔业局和长江流域水资源保护局等单位的专家，赴贵阳、成都、合江和赤水等地，参加了由当地水利或水产主管部门主持召开的赤水河长江上游珍稀鱼类自然保护区建立可行性论证会。与会专家一致认为，在长江上游建立特有鱼类自然保护区是必要的，在赤水河建立保护区是可行的。

1999 年和 2000 年，中国科学院水生生物研究所曹文宣院士在全国政协会议上分别提交《建立赤水河长江上游特有鱼类自然保护区》和《为保持茅台酒等名酒特有的品质，建议不要在赤水河干流修建水电工程》的提案，引起了政府部门和人民群众的广泛关注。

1999～2002 年，长江技术经济学会组织国务院三峡建设委员会办公室、长江水利委员会、中国科学院水生生物研究所等单位的专家对赤水河流域进行了多次考察，启动了《长江流域综合利用规划》的修编工作，把赤水河流域水电开发规划调整为保护规划。

2005 年 4 月，国务院办公厅批准成立了"长江上游珍稀特有鱼类国家级自然保护区"。该保护区地跨云南、贵州、四川和重庆三省一直辖市，保护江段长达 1162.61 km，是目前国内最大的河流型自然保护区。赤水河干流及其源头支流（铜车河、妥泥河、倒流河、扎西河）均纳入到了该保护区，受保护的江段为 628.23 km，其中核心区为 207.02 km，缓冲区为 355.26 km，实验区为 65.95 km（图 1.3）。

自然保护区建立以后，赤水河越来越受到国家有关部门和流域各省的重视。

2008 年 1 月，云、贵、川 3 省人大主办，贵州省环境保护厅、贵州师范大学和世界自然基金会（World Wide Fund for Nature，WWF）协办的"赤水河流域保护与发展高峰论坛"在贵阳举行，该论坛就流域综合管理与协调机制的国际、国内经验进行了交流，并确定了赤水河流域综合管理优先行动策略，建议尽快开展《赤水河流域综合保护与发展规划》编制工作，建立赤水河流域综合管理与保护协作机制，设立国家级赤水河流域综合管理示范区，推动多方参与的流域综合管理与生态保护。

2011 年 7 月 29 日，贵州省第十一届人民代表大会常务委员会第二十三次会议通过《贵州省赤水河流域保护条例》。该条例的颁布施行，为保护赤水河流域生态环境、促进流域经济社会发展提供了有力的法治保障。

2013 年 7 月，四川、云南和贵州 3 省的环保部门签订了《四川省、云南省、贵州省交界区域环境联合执法协议》，10 月，遵义市环保局与泸州市环保局在西南环境保护督

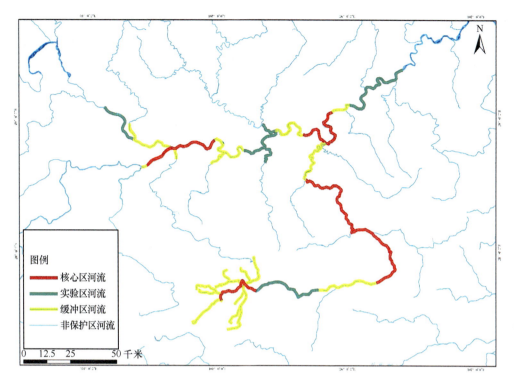

图 1.3　长江上游珍稀特有鱼类国家级自然保护区功能区划

查中心的协调推动下签订了《赤水河流域环境保护联动协议》，逐步形成了赤水河流域环境保护联合执法协调合作机制，为赤水河流域生态保护工作的综合协调提供了有效途径。

2014 年，贵州省环境保护厅、贵州省财政厅、贵州省水利厅制定了《贵州省赤水河流域水污染防治生态补偿暂行办法》，经省人民政府同意，在毕节市和遵义市组织实施赤水河流域水污染生态补偿。

2016 年 12 月 17 日，农业部发布《关于赤水河流域全面禁渔的通告》，宣布从 2017 年 1 月 1 日 0 时起，在赤水河流域实施为期 10 年的全面禁渔。作为长江流域第一条试点全面禁捕的河流，赤水河实施全面禁渔为流域内珍稀特有鱼类资源的恢复和水域生态环境的保护提供了良好契机，同时也将为长江大保护战略积累有益经验。

2018 年 12 月，四川、云南和贵州 3 省生态环境、财政部门共同印发实施《赤水河流域横向生态补偿实施方案》，约定共同出资 2 亿元设立赤水河流域生态保护横向补偿资金，并按照"权责对等，合理补偿"的原则，实施约定水质目标的分段清算，实现水质改善、水量保障的带来利益，水质恶化承担相应惩处，以此促进流域生态环境改善。2018 年赤水河流域水质总体良好，所有监测断面均达到或优于规定水质类别，出境水质断面稳定达到二类，获得"中国好水"优质水源地称号，仁怀市荣获全国"生态文明建设示范区"称号，赤水市被命名为"绿水青山就是金山银山"创新实践基地。同时，赤水河作为全国首个跨多省流域的横向生态补偿机制试点，为全国下一步探索建立多省生态补偿积累了经验。

2021 年 1 月，推动长江经济带发展领导小组办公室印发《赤水河流域协同推进生态优先绿色发展实施方案》，提出"着力把赤水河流域打造成绿水青山就是金山银山理念生动实践的样本典范，为推进流域绿色发展提供经验借鉴"。

2021 年 3 月，《中华人民共和国国民经济和社会发展第十四个五年规划和 2035 年远景目标纲要》明确提出，"深化开展绿色发展示范，推进赤水河流域生态环境保护"。赤水河生态环境保护成为国家重大战略问题。

2021 年 5 月，云南、贵州和四川的省人民代表大会常务委员会分别通过关于加强赤水河流域共同保护的决定，按照统一规划、统一标准、统一监测、统一责任、统一防治措施的要求，共同推进赤水河流域保护。

可以预见，在"共抓大保护，不搞大开发"的战略指导下，在国家和赤水河流域各省市的共同努力下，流域生态环境保护工作将取得明显的社会、经济和生态效益，赤水河作为长江流域甚至全国范围内生态修复样板的作用也将越来越显著。

02

第 2 章 赤水河饵料生物

根据赤水河河流栖息地特征，在赤水河的上游、中游和下游分别选取镇雄县、赤水镇、赤水市和合江县 4 个代表性江段设立定点调查样点，于 2019 年 10 月（鱼类育肥期）、2019 年 12 月（鱼类越冬期）和 2020 年 7 月（鱼类繁殖期）对不同江段的浮游藻类、浮游动物和底栖动物等饵料生物进行了调查，从种类组成、密度和生物量以及多样性分析等方面对赤水河饵料生物现状进行了分析。

2.1 浮游藻类

2.1.1 种类组成

调查期间，在赤水河 4 个江段共采集鉴定浮游藻类 79 种，隶属于 7 门。其中，硅藻门物种数量最多，有 51 种；其次为蓝藻门，有 11 种；再次为绿藻门，有 10 种；此外，隐藻门有 3 种，金藻门有 2 种，裸藻门和甲藻门各有 1 种。赤水河浮游藻类物种数在不同江段较为稳定，沿河流梯度无明显变化（图 2.1，表 2.1）。

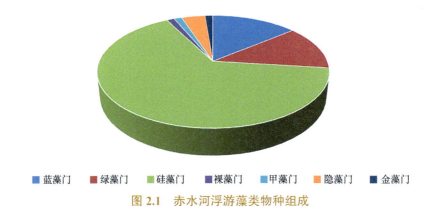

■ 蓝藻门　■ 绿藻门　■ 硅藻门　■ 裸藻门　■ 甲藻门　■ 隐藻门　■ 金藻门

图 2.1　赤水河浮游藻类物种组成

表 2.1　赤水河不同江段浮游藻类主要类群的物种组成及分布

门类	镇雄县			赤水镇			赤水市			合江县		
	6月	10月	12月	6月	10月	12月	6月	10月	12月	6月	10月	12月
蓝藻门	2	2	0	2	1	2	3	2	4	5	4	1
绿藻门	2	1	0	0	0	2	2	0	1	3	4	0
硅藻门	24	16	22	26	19	18	24	18	14	28	13	14
裸藻门	0	0	0	0	0	0	0	0	0	1	0	0
甲藻门	0	1	0	0	0	0	0	0	0	0	0	0

门类	镇雄县			赤水镇			赤水市			合江县		
	6月	10月	12月	6月	10月	12月	6月	10月	12月	6月	10月	12月
隐藻门	0	1	0	0	1	0	0	3	1	0	0	2
金藻门	0	0	0	0	0	0	0	1	0	0	0	1
总计	28	21	22	28	21	22	29	24	20	37	21	18

2.1.2 密度和生物量

赤水河 4 个江段浮游藻类的平均密度为 2.1×10^6 cells/L，且存在较为明显的时空变异。在空间尺度上，合江县江段浮游藻类的密度（均值）最高，为 3.8×10^6 cells/L，镇雄县江段为 1.2×10^6 cells/L，赤水市江段为 1.7×10^6 cells/L，赤水镇江段为 1.8×10^6 cells/L。镇雄县、赤水镇和赤水市江段均以硅藻门密度最高，而下游合江县江段以蓝藻门密度最高。浮游藻类密度整体呈现出从上游至下游逐步增加的趋势，并且不同江段均表现出一定的季节变化（表 2.2，图 2.2），其中镇雄县江段鱼类繁殖期浮游藻类密度高于鱼类育肥期和越冬期，而赤水镇、赤水市和合江县江段鱼类育肥期浮游藻类密度高于鱼类繁殖期和越冬期。

表 2.2 调查期间赤水河不同江段浮游藻类密度（$\times 10^6$ cells/L）

门类	镇雄县			赤水镇			赤水市			合江县		
	6月	10月	12月	6月	10月	12月	6月	10月	12月	6月	10月	12月
蓝藻门	0.4	< 0.1	< 0.1	0.4	0.5	0.4	0.7	0.9	0.5	1.7	5.1	0.2
绿藻门	0.1	< 0.1	< 0.1	< 0.1	< 0.1	< 0.1	0.1	< 0.1	< 0.1	0.1	1.2	< 0.1
硅藻门	1.4	1.0	0.6	1.5	1.7	0.8	1.1	1.3	0.2	1.1	1.7	0.3
裸藻门	< 0.1	< 0.1	< 0.1	< 0.1	< 0.1	< 0.1	< 0.1	< 0.1	< 0.1	< 0.1	< 0.1	< 0.1
甲藻门	< 0.1	< 0.1	< 0.1	< 0.1	< 0.1	< 0.1	< 0.1	< 0.1	< 0.1	< 0.1	< 0.1	< 0.1
隐藻门	< 0.1	< 0.1	< 0.1	< 0.1	< 0.1	< 0.1	< 0.1	0.3	< 0.1	< 0.1	< 0.1	< 0.1
金藻门	< 0.1	< 0.1	< 0.1	< 0.1	< 0.1	< 0.1	< 0.1	< 0.1	< 0.1	< 0.1	< 0.1	< 0.1
总计	1.9	1.1	0.6	1.9	2.2	1.2	1.9	2.5	0.7	2.9	8.0	0.5

在时间尺度上，鱼类越冬期（12 月）浮游藻类的密度（均值）最低，为 0.7×10^6 cells/L；鱼类繁殖期（6 月）浮游藻类的密度为 2.1×10^6 cells/L；鱼类育肥期（10 月）浮游藻类的密度最高，为 3.5×10^6 cells/L（图 2.3）。

在生物量方面，赤水河 4 个江段浮游藻类的平均生物量为 2.7 mg/L，但时空差异明显。空间上，浮游藻类生物量从源头至河口逐渐降低。镇雄县浮游藻类生物量（均值）最高，为 3.6 mg/L，其次为赤水镇（2.9 mg/L）和赤水市（2.3 mg/L），合江县仅约为 1.8 mg/L。

不同江段均以硅藻门生物量最高。生物量的空间变化特征与密度相反，即沿着河流的纵向梯度浮游藻类的生物量逐渐降低（表2.3，图2.4）。

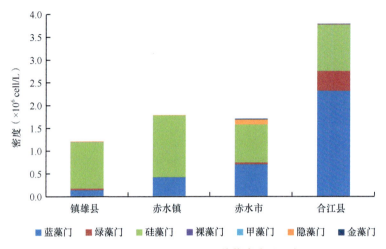

图 2.2　赤水河不同江段浮游藻类密度比较

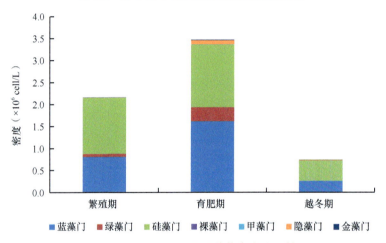

图 2.3　赤水河各时期浮游藻类密度比较

表 2.3　调查期间赤水河不同江段浮游藻类生物量（mg/L）

门类	镇雄县			赤水镇			赤水市			合江县		
	6 月	10 月	12 月	6 月	10 月	12 月	6 月	10 月	12 月	6 月	10 月	12 月
蓝藻门	< 0.1	< 0.1	< 0.1	< 0.1	< 0.1	< 0.1	< 0.1	< 0.1	< 0.1	< 0.1	< 0.1	< 0.1
绿藻门	< 0.1	< 0.1	< 0.1	< 0.1	< 0.1	0.1	0.4	< 0.1	< 0.1	< 0.1	0.9	< 0.1
硅藻门	5.4	3.5	1.5	2.4	3.7	2.5	2.9	1.8	1.2	1.8	2.3	0.4
裸藻门	< 0.1	< 0.1	< 0.1	< 0.1	< 0.1	< 0.1	< 0.1	< 0.1	< 0.1	0.1	< 0.1	< 0.1
甲藻门	< 0.1	0.5	< 0.1	< 0.1	< 0.1	< 0.1	< 0.1	< 0.1	< 0.1	< 0.1	< 0.1	< 0.1

续表

门类	镇雄县			赤水镇			赤水市			合江县		
	6月	10月	12月	6月	10月	12月	6月	10月	12月	6月	10月	12月
隐藻门	<0.1	0.1	<0.1	<0.1	0.1	<0.1	<0.1	0.5	<0.1	<0.1	<0.1	<0.1
金藻门	<0.1	0.0	<0.1	<0.1	<0.1	<0.1	<0.1	<0.1	<0.1	<0.1	<0.1	<0.1
总计	5.4	4.2	1.5	2.5	3.8	2.6	3.4	2.3	1.2	1.9	3.2	0.4

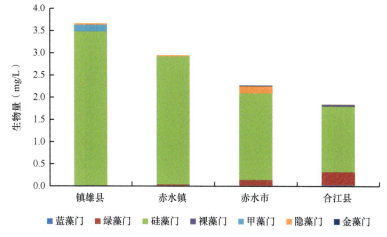

图 2.4　赤水河不同江段浮游藻类生物量比较

在时间尺度上，赤水河不同江段浮游藻类生物量均表现出一定的季节变化。其中，镇雄县江段和赤水市江段鱼类繁殖期浮游藻类生物量高于鱼类育肥期和越冬期，而赤水镇和合江县江段鱼类育肥期浮游藻类生物量高于鱼类繁殖期和越冬期。鱼类繁殖期和育肥期的浮游藻类生物量显著高于鱼类越冬期（图 2.5）。

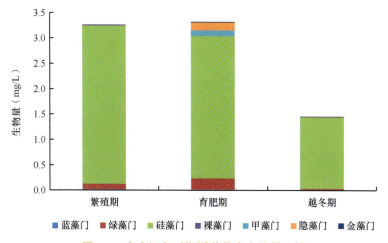

图 2.5　赤水河各时期浮游藻类生物量比较

2.1.3　多样性分析

　　采用物种丰富度指数、辛普森（Simpson）多样性指数、香农 - 维纳（Shannon-Wiener）多样性指数和均匀度指数来表征赤水河不同江段浮游藻类的物种多样性情况。结果显示，浮游藻类物种多样性存在一定的时空变化，鱼类繁殖期物种丰富度指数以合江县江段最高，鱼类越冬期赤水市和合江县江段的辛普森多样性指数、香农 - 维纳多样性指数和均匀度指数均高于上游（图 2.6）。

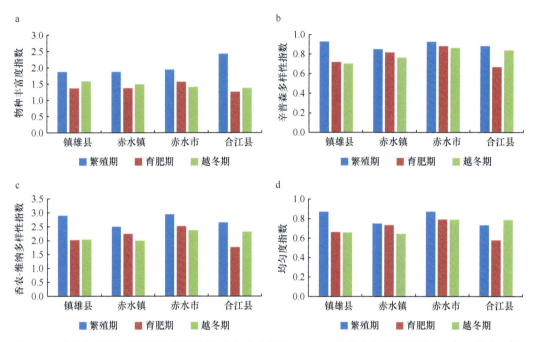

图 2.6　赤水河不同时期浮游藻类的物种丰富度指数（a）、辛普森多样性指数（b）、香农 - 维纳多样性指数（c）和均匀度指数（d）在 4 个江段的比较

2.2　浮 游 动 物

2.2.1　种类组成

　　调查期间，赤水河 4 个江段共检出浮游动物 90 种。其中，原生动物物种数量最多，有 37 种；其次为轮虫，有 36 种；再次为枝角类（9 种）和桡足类（8 种）。浮游动物物种数在赤水河不同江段具有一定的变化，沿河流梯度逐渐增加（图 2.7，表 2.4）。

图 2.7　赤水河浮游动物物种组成

■ 原生动物　■ 轮虫　■ 枝角类　■ 桡足类

表 2.4　赤水河不同江段浮游动物主要类群的物种组成及分布

类群	镇雄县			赤水镇			赤水市			合江县		
	6月	10月	12月	6月	10月	12月	6月	10月	12月	6月	10月	12月
原生动物	8	3	4	5	2	5	12	1	6	14	3	5
轮虫	2	3	4	0	9	5	1	16	3	12	10	3
枝角类	0	1	0	2	1	0	2	1	0	0	4	0
桡足类	2	1	2	4	2	0	2	2	2	0	5	0
总计	12	8	10	11	14	10	17	20	11	26	22	8

2.2.2　密度和生物量

赤水河 4 个江段浮游动物的平均密度为 108.8 ind./L，且存在较为明显的时空变化。在空间尺度上，赤水市江段浮游动物的密度（均值）最高，为 129.2 ind./L，其次是镇雄县江段，为 110.7 ind./L，赤水镇江段为 102 ind./L，合江县江段最低，为 93.2 ind./L。镇雄县、赤水镇和赤水市江段均以原生动物密度最高，而下游合江县江段以桡足类密度最高（表 2.5，图 2.8）。

表 2.5　调查期间赤水河不同江段浮游动物的密度（ind./L）

类群	镇雄县			赤水镇			赤水市			合江县		
	6月	10月	12月	6月	10月	12月	6月	10月	12月	6月	10月	12月
原生动物	5.5	2.0	195.0	10.5	1.0	150.0	11.5	1.0	185.0	12.0	1.5	70
轮虫	17.5	2.5	105.0	0.0	63.5	60.0	33.0	52.0	15.0	26.7	10.0	20
枝角类	0.0	0.0	0.0	1.5	1.0	0.0	1.5	1.0	0.0	1.7	31.0	0.0
桡足类	1.5	3.0	0.1	16.5	2.0	0.0	19.5	68.0	0.1	17.7	89.0	0.0
总计	24.5	7.5	300.1	28.5	67.5	210.0	65.5	122.0	200.1	58.1	131.5	90

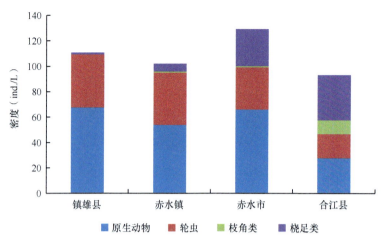

图 2.8 赤水河不同江段浮游动物密度比较

在时间尺度上，鱼类越冬期（12 月）浮游动物的密度（均值）最高，为 200.5 ind./L；鱼类育肥期（10 月）浮游动物的密度次之，为 82.1 ind./L；鱼类繁殖期（6 月）浮游动物的密度最低，为 44.1 ind./L（图 2.9）。

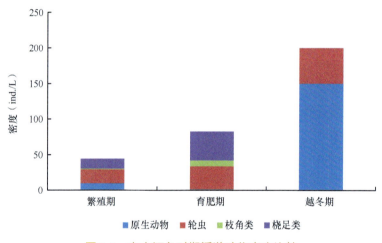

图 2.9 赤水河各时期浮游动物密度比较

在生物量方面，赤水河 4 个江段浮游动物的平均生物量为 191.2 μg/L。空间上，浮游动物生物量从源头至河口逐渐增加。镇雄县浮游动物生物量（均值）最低，为 12.8 μg/L，其次为赤水镇（61.7 μg/L）和赤水市（222.8 μg/L），合江县江段最高，为 467.6 μg/L。不同江段均以桡足类生物量最高（表 2.6，图 2.10）。

表 2.6　调查期间赤水河不同江段浮游动物的生物量组成（μg/L）

类群	镇雄县			赤水镇			赤水市			合江县		
	6月	10月	12月	6月	10月	12月	6月	10月	12月	6月	10月	12月
原生动物	0.1	0.0	2.3	0.1	0.0	1.8	0.1	0.0	2.2	0.1	0.0	0.8
轮虫	0.5	0.1	3.2	0.0	1.9	1.8	1.0	1.6	0.5	0.8	0.3	0.6
枝角类	0.0	0.0	0.0	30.0	20.0	0.0	30.0	20.0	0.0	33.4	620.0	0.0
桡足类	10.5	21.0	0.7	115.5	14.0	0.0	136.5	476.0	0.5	123.7	623.0	0.0
总计	11.1	21.1	6.2	145.6	35.9	3.6	167.6	497.6	3.2	158.0	1243.3	1.4

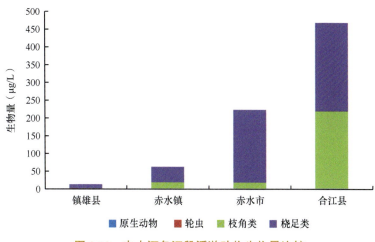

图 2.10　赤水河各江段浮游动物生物量比较

在时间尺度上，鱼类育肥期的浮游动物生物量显著高于鱼类繁殖期和越冬期（图2.11）。

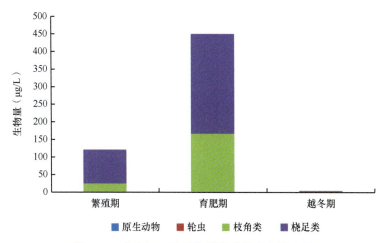

图 2.11　赤水河不同时期浮游动物生物量比较

2.2.3　多样性分析

采用物种丰富度指数、辛普森多样性指数、香农 - 维纳多样性指数和均匀度指数来表征鱼类繁殖期、育肥期和越冬期各江段浮游动物的物种多样性情况。结果显示，浮游动物物种丰富度指数、辛普森多样性指数及香农 - 维纳多样性指数均在鱼类繁殖期的合江县江段最高，而浮游动物均匀度指数在鱼类越冬期的赤水镇江段最高。在时间尺度上，物种多样性的变化规律在不同江段存在一定的差异：鱼类繁殖期和育肥期合江县江段的浮游动物物种丰富度指数最高，鱼类越冬期赤水市和合江县江段的辛普森多样性指数和香农 - 维纳多样性指数均低于上游（图 2.12）。

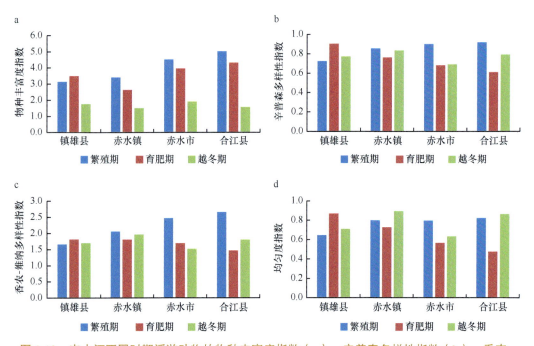

图 2.12　赤水河不同时期浮游动物的物种丰富度指数（a）、辛普森多样性指数（b）、香农 - 维纳多样性指数（c）和均匀度指数（d）在 4 个江段的比较

2.3　底 栖 动 物

2.3.1　种类组成

调查期间，赤水河 4 个江段共采集底栖动物 71 种（含环节动物 2 种（含寡毛类和蛭类各 1 种），软体动物 6 种，软甲纲 5 种，水生昆虫 55 种，涡虫纲、线虫纲和蛛形纲各 1 种。可见，水生昆虫是赤水河流域底栖动物中的优势类群，包括双翅目 18 种（其中摇蚊科 11 种），蜉蝣目 14 种，毛翅目 11 种，鞘翅目 4 种，广翅目 4 种，襀翅目、半翅目、蜻蜓目和鳞翅

目各 1 种。底栖动物的物种数从源头至下游递减。镇雄县(源头溪流)的种类最多(40种),赤水镇(上游干流)次之(37种),赤水市(中游干流)和合江县(下游干流)较少(分别为 23 种和 11 种)。水生昆虫在赤水河源头和上游最为丰富,中游和下游则依次递减。寡毛类、软体动物和软甲纲在所调查江段均只有少量分布(图 2.13,表 2.7)。

■ 寡毛类　■ 软体动物　■ 软甲纲　■ 水生昆虫　■ 其他动物

图 2.13　调查期间赤水河底栖动物物种组成

表 2.7　赤水河不同江段底栖动物主要类群的物种组成

类群	镇雄县			赤水镇			赤水市			合江县		
	6 月	10 月	12 月	6 月	10 月	12 月	6 月	10 月	12 月	6 月	10 月	12 月
寡毛类	0	1	1	0	0	0	0	0	1	0	0	0
软体动物	0	2	1	1	2	0	2	1	1	1	3	0
软甲纲	0	0	0	1	1	0	2	0	1	2	0	2
水生昆虫	10	20	13	13	10	23	3	9	9	1	2	2
其他动物	1	1	2	0	0	2	1	0	0	0	0	0
总计	11	24	17	15	13	25	8	10	12	4	5	4

2.3.2　密度和生物量

赤水河 4 个江段底栖动物的平均密度为 953.1 ind./m²,且存在较为明显的时空差异(表 2.8)。在空间尺度上,赤水镇江段底栖动物的密度(均值)最高,为 2090.7 ind./m²,镇雄县江段为 953.1 ind./m²,赤水市江段为 472.2 ind./m²,合江县江段为 296.3 ind./m²(图 2.14)。

表 2.8　赤水河不同江段底栖动物主要类群的密度(ind./m²)

类群	镇雄县			赤水镇			赤水市			合江县		
	6 月	10 月	12 月	6 月	10 月	12 月	6 月	10 月	12 月	6 月	10 月	12 月
寡毛类	0	11.1	11.1	0	0	0	0	0	33.3	0	0	0
软体动物	0	22.2	5.6	11.1	22.2	0	22.2	66.7	5.6	66.7	100.0	0
软甲纲	0	0	0.0	11.1	11.1	0	122.2	0	5.6	222.2	0	216.7
水生昆虫	285.2	1722.2	700.0	555.6	1188.9	4450.0	344.4	644.4	161.1	111.1	55.6	116.7
其他动物	51.9	11.1	38.8	0	0	22.2	11.1	0	0	0	0	0
总计	337.1	1766.6	755.5	577.8	1222.2	4472.2	499.9	711.1	205.6	400.0	155.6	333.4

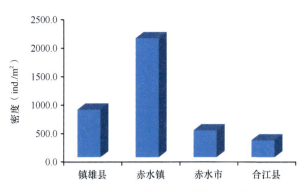

图 2.14　赤水河底栖动物密度在各江段的比较

在时间尺度上，鱼类繁殖期（6月）底栖动物的密度（均值）最低，为453.7 ind./m²；鱼类育肥期（10月）底栖动物的密度为963.9 ind./m²；鱼类越冬期（12月）底栖动物的密度最高，为1441.7 ind./m²（图2.15）。

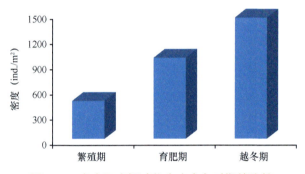

图 2.15　赤水河底栖动物密度在各时期的比较

赤水河4个江段底栖动物的平均生物量为28.936 g/m²，但时空差异明显（表2.9）。空间上，底栖动物生物量从源头至下游逐渐增加。合江县江段生物量（均值）最高，为51.492 g/m²，其次为赤水市江段（30.335 g/m²）和赤水镇江段（29.481 g/m²），镇雄县江段仅为4.435 g/m²（图2.16）。

表 2.9　赤水河不同江段底栖动物主要类群的生物量（g/m²）

类群	镇雄县			赤水镇			赤水市			合江县		
	6月	10月	12月	6月	10月	12月	6月	10月	12月	6月	10月	12月
寡毛类	0.000	0.022	0.001	0.000	0.000	0.000	0.000	0.000	0.007	0.000	0.000	0.000
软体动物	0.000	0.629	0.071	0.478	0.006	0.000	24.090	60.880	0.437	8.678	131.170	0.000
软甲纲	0.000	0.000	0.000	18.599	0.606	0.000	4.222	0.000	0.019	2.865	0.000	11.483
水生昆虫	4.091	5.828	2.288	2.487	5.729	60.488	0.429	0.152	0.737	0.013	0.030	0.237

续表

类群	镇雄县			赤水镇			赤水市			合江县		
	6 月	10 月	12 月	6 月	10 月	12 月	6 月	10 月	12 月	6 月	10 月	12 月
其他动物	0.362	0.006	0.008	0.000	0.000	0.052	0.032	0.000	0.000	0.000	0.000	0.000
总计	4.453	6.485	2.368	21.564	6.341	60.540	28.773	61.032	11.200	11.556	131.200	11.720

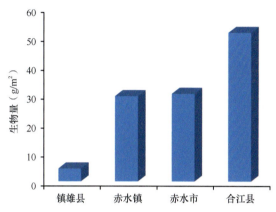

图 2.16　赤水河底栖动物生物量在各江段的比较

在时间尺度上，鱼类繁殖期（6 月）底栖动物的生物量（均值）最低，为 16.586 g/m²；鱼类育肥期（10 月）底栖动物的生物量最高，为 51.264 g/m²；鱼类越冬期（12 月）底栖动物的生物量介于两者之间，为 18.956 g/m²（图 2.17）。

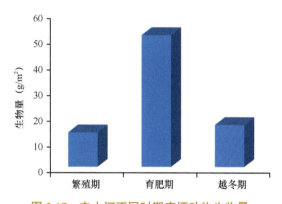

图 2.17　赤水河不同时期底栖动物生物量

2.3.3　多样性分析

采用物种丰富度指数、辛普森多样性指数、香农 - 维纳多样性指数和均匀度指数来表征鱼类繁殖期、育肥期和越冬期各江段底栖动物的物种多样性情况。结果显示，除均匀度指数外，底栖动物的物种多样性在 3 个时期均表现为在源头（镇雄县）和上游（赤水镇）

更高，而在中游（赤水市）和下游（合江县）则相对较低。在时间尺度上，物种多样性的变化规律在不同江段存在一定的差异：源头和下游的物种多样性在育肥期更高，而上游和中游为越冬期更高（图2.18）。

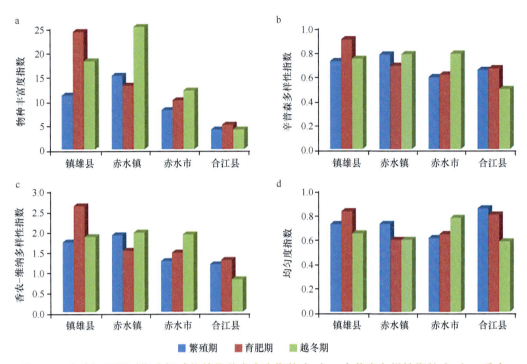

图 2.18　赤水河不同时期底栖动物的物种丰富度指数（a）、辛普森多样性指数（b）、香农 - 维纳多样性指数（c）和均匀度指数（d）在 4 个江段的比较

03

第3章 赤水河鱼类物种多样性

赤水河流程长、流量大、水质良好、河流生境自然且复杂多样，孕育了丰富的鱼类资源。但是，对于赤水河流域的鱼类物种多样性，在20世纪80年代以前一直未进行过系统调查。

20世纪80年代初期，遵义医学院等单位对赤水河下游的鱼类组成进行了初步调查，据此编著的《贵州鱼类志》记录有52种赤水河鱼类。

20世纪90年代初期，为了保护受三峡工程和长江上游水电梯级开发的长江上游特有鱼类，中国科学院水生生物研究所等单位承担了国家"八·五"科技攻关项目子专题"长江上游鱼类自然保护区选址与建区方案的研究"，首次对赤水河的鱼类等水生生物进行了较为全面和系统的调查研究。研究报告指出，赤水河水质良好，生境多样，水域生态系统具有很强的自然性，分布的鱼类有108种，其中长江上游特有鱼类20余种，占三峡库区特有鱼类种数的一半以上，鱼类组成具有很强的代表性。该报告还指出"赤水河较大的流量和较长的流程，还可为长江上游一些产漂流性卵的鱼类提供产卵和孵化条件，特别是当长江上游干流和金沙江的向家坝、溪洛渡等水利工程建成后，赤水河将可能成为这些鱼类重要的繁殖场"。

1995年底，中国科学院水生生物研究所主持了国务院三峡建设委员会办公室"长江上游特有鱼类保护方法研究"课题，对赤水河流域的鱼类组成和生态环境进行了进一步的调研。调查表明，赤水河分布有鱼类109种（亚种），鱼类组成与三峡库区鱼类大体是一致的，特别是在赤水河发现有26种长江上游特有鱼类，占受三峡工程影响的长江上游特有鱼类种数的59.0%。

但是，受交通条件和人力、物力等方面因素的限制，这些调查工作主要局限于赤水河中下游，对于赤水河上游江段和绝大部分支流较少涉及。

2005年"长江上游珍稀特有鱼类国家级自然保护区"建立以后，中国科学院水生生物研究所等单位对赤水河鱼类组成进行了多次大规模的全流域调查；与此同时，在源头、上游、中游和下游分别设置固定监测样点，对不同江段的鱼类物种组成和群落结构的时空变化特征进行了长期连续的监测。

为更好地贯彻落实长江大保护国家战略，2017年农业农村部启动了"长江渔业资源与环境调查"专项，中国科学院水生生物研究所承担了"赤水河渔业资源与环境调查"课题。2017～2021年项目执行期间，对赤水河流域的鱼类多样性进行了多次全面调查。本章内容在总结长江专项调查成果的同时，结合历年调查数据，对赤水河流域的鱼类种类组成、区系特征和多样性特征等进行了整理和分析，旨在为赤水河鱼类多样性保护提供参考资料。

3.1 种类组成

2017～2021年调查期间，赤水河流域共采集到鱼类140种，其中土著鱼类125种，外来鱼类15种。125种土著鱼类中，包括1种国家一级重点保护水生野生动物，即长江鲟；8种国家二级重点保护水生野生动物，分别为胭脂鱼、圆口铜鱼、四川白甲鱼、金沙鲈鲤、岩原鲤、长薄鳅、红唇薄鳅和青石爬鳅；39种长江上游特有鱼类，分别为长江鲟、四川华鳊、高体近红鲌、汪氏近红鲌、黑尾近红鲌、半鳘、张氏鳘、厚颌鲂、长体鲂、嘉陵颌须鮈、圆口铜鱼、圆筒吻鮈、裸腹片唇鮈、短身鳅鮀、异鳔鳅鮀、峨眉鱊、四川白甲鱼、金沙鲈鲤、宽口光唇鱼、长江孟加拉鲮、宽唇华缨鱼、条纹异黔鲮、昆明裂腹鱼、古蔺裂腹鱼、四川裂腹鱼、岩原鲤、短体副鳅、乌江副鳅、双斑副沙鳅、宽体沙鳅、长薄鳅、小眼薄鳅、红唇薄鳅、侧沟爬岩鳅、短身金沙鳅、西昌华吸鳅、四川华吸鳅、拟缘𫚕和青石爬鮡；15 种外来鱼类，分别为杂交鲟、丁𱉓、尖头大吻鱥、团头鲂、光倒刺鲃、短头梭鲃、麦瑞加拉鲮、散鳞镜鲤、湘云鲫、董氏须鳅、斑点叉尾鮰、革胡子鲇、食蚊鱼、梭鲈和大口黑鲈。

综合历史调查资料可知，赤水河流域分布有鱼类 167 种，其中土著鱼类 150 种，外来鱼类 17 种。150 种土著鱼类隶属于 7 目 21 科 86 属，其中国家一级重点保护水生野生动物 2 种（白鲟和长江鲟），国家二级重点保护水生野生动物 10 种（胭脂鱼、鯮、圆口铜鱼、长鳍吻鮈、金沙鲈鲤、四川白甲鱼、岩原鲤、长薄鳅、红唇薄鳅和青石爬鮡），长江上游特有鱼类 45 种（表 3.1）。

表 3.1　不同时期赤水河鱼类采集情况

编号	目	科	种名	20 世纪 90 年代	2006～ 2016 年	2017～ 2021 年
1	鲟形目	鲟科	长江鲟 *Acipenser dabryanus* Duméril ★	+	+	+
2	鲟形目	鲟科	杂交鲟 *		+	+
3	鲟形目	白鲟科	白鲟 *Psephurus gladius* (Martens)	+		
4	鳗鲡目	鳗鲡科	鳗鲡 *Anguilla japonica* Temminck et Schlegel	+		
5	鲤形目	鲤科	宽鳍鱲 *Zacco platypus* (Temminck et Schlegel)	+	+	+
6	鲤形目	鲤科	马口鱼 *Opsariichthys bidens* Günther	+	+	+
7	鲤形目	鲤科	丁𱉓 *Tinca tinca* (Linnaeus) *			+
8	鲤形目	鲤科	青鱼 *Mylopharyngodon piceus* (Richardson)	+	+	+
9	鲤形目	鲤科	尖头大吻鱥 *Rhynchocypris oxycephalus* (Sauvage et Dabry) *			+
10	鲤形目	鲤科	鯮 *Luciobrama macrocephalus* (Lacepède)	+		
11	鲤形目	鲤科	草鱼 *Ctenopharyngodon idellus* (Cuvier et Valenciennes)	+	+	+
12	鲤形目	鲤科	赤眼鳟 *Squaliobarbus curriculus* (Richardson)	+	+	+
13	鲤形目	鲤科	鳡 *Ochetobius elongatus* (Kner)	+		
14	鲤形目	鲤科	鳡 *Elopichthys bambusa* (Richardson)	+		
15	鲤形目	鲤科	飘鱼 *Pseudolaubuca sinensis* Bleeker	+	+	+
16	鲤形目	鲤科	寡鳞飘鱼 *Pseudolaubuca engraulis* (Nichols)	+	+	+
17	鲤形目	鲤科	大眼华鳊 *Sinibrama macrops* (Günther)	+	+	+
18	鲤形目	鲤科	四川华鳊 *Sinibrama taeniatus* (Nichols) ★	+	+	+
19	鲤形目	鲤科	高体近红鲌 *Ancherythroculter kurematsui* (Kimura) ★	+	+	+
20	鲤形目	鲤科	汪氏近红鲌 *Ancherythroculter wangi* (Tchang) ★	+	+	+

续表

编号	目	科	种名	20 世纪 90 年代	2006～ 2016 年	2017～ 2021 年
21	鲤形目	鲤科	黑尾近红鲌 *Ancherythroculter nigrocauda* Yih *et* Woo ★	+	+	+
22	鲤形目	鲤科	半鳘 *Hemiculterella sauvagei* Warpachowski ★	+	+	+
23	鲤形目	鲤科	鳘 *Hemiculter leucisculus* (Basilewsky)	+	+	+
24	鲤形目	鲤科	张氏鳘 *Hemiculter tchangi* Fang ★	+	+	+
25	鲤形目	鲤科	贝氏鳘 *Hemiculter bleekeri* Warpachowski	+	+	+
26	鲤形目	鲤科	红鳍原鲌 *Cultrichthys erythropterus* (Basilewsky)	+	+	+
27	鲤形目	鲤科	翘嘴鲌 *Culter alburnus* Basilewsky	+	+	+
28	鲤形目	鲤科	蒙古鲌 *Chanodichthys mongolicus mongolicus* (Basilewsky)	+	+	+
29	鲤形目	鲤科	尖头鲌 *Chanodichthys oxycephalus* Bleeker	+	+	+
30	鲤形目	鲤科	达氏鲌 *Chanodichthys dabryi dabryi* Bleeker	+	+	+
31	鲤形目	鲤科	拟尖头鲌 *Culter oxycephaloides* Kreyenberg *et* Pappenheim	+		
32	鲤形目	鲤科	鳊 *Parabramis pekinensis* (Basilewsky)		+	
33	鲤形目	鲤科	厚颌鲂 *Megalobrama pellegrini* (Tchang) ★	+	+	+
34	鲤形目	鲤科	团头鲂 *Megalobrama amblycephala* Yih *		+	+
35	鲤形目	鲤科	长体鲂 *Megalobrama elongata* Huang *et* Zhang ★			+
36	鲤形目	鲤科	银鲴 *Xenocypris argentea* Günther	+	+	+
37	鲤形目	鲤科	黄尾鲴 *Xenocypris davidi* Bleeker	+	+	+
38	鲤形目	鲤科	细鳞鲴 *Xenocypris microlepis* Bleeker	+	+	+
39	鲤形目	鲤科	圆吻鲴 *Distoechodon tumirostris* Peter	+	+	+
40	鲤形目	鲤科	似鳊 *Pseudobrama simoni* (Bleeker)	+	+	+
41	鲤形目	鲤科	鲢 *Hypophthalmichthys molitrix* (Valenciennes)	+	+	+
42	鲤形目	鲤科	鳙 *Aristichthys nobilis* (Richardson)	+	+	+
43	鲤形目	鲤科	唇鲴 *Hemibarbus labeo* (Pallas)	+	+	+
44	鲤形目	鲤科	花鲴 *Hemibarbus maculatus* Bleeker	+	+	+
45	鲤形目	鲤科	麦穗鱼 *Pseudorasbora parva* (Temminck *et* Schlegel)	+	+	+
46	鲤形目	鲤科	华鳈 *Sarcocheilichthys sinensis* Bleeker	+	+	+
47	鲤形目	鲤科	黑鳍鳈 *Sarcocheilichthys nigripinnis* (Günther)	+	+	+
48	鲤形目	鲤科	短须颌须鮈 *Gnathopogon imberbis* (Sauvage *et* Dabry)	+	+	+
49	鲤形目	鲤科	嘉陵颌须鮈 *Gnathopogon herzensteini* (Günther) ★	+	+	+
50	鲤形目	鲤科	银鮈 *Squalidus argentatus* (Sauvage *et* Dabry)	+	+	+
51	鲤形目	鲤科	铜鱼 *Coreius heterodon* (Bleeker)	+	+	+
52	鲤形目	鲤科	圆口铜鱼 *Coreius guichenoti* (Sauvage *et* Dabry) ★	+	+	+
53	鲤形目	鲤科	吻鮈 *Rhinogobio typus* Bleeker	+	+	+

续表

编号	目	科	种名	20世纪 90年代	2006～ 2016年	2017～ 2021年
54	鲤形目	鲤科	圆筒吻鮈 *Rhinogobio cylindricus* Günther ★	+	+	+
55	鲤形目	鲤科	长鳍吻鮈 *Rhinogobio ventralis* (Sauvage *et* Dabry) ★	+	+	
56	鲤形目	鲤科	裸腹片唇鮈 *Platysmacheilus nudiventris* Lo, Yao *et* Chen ★	+	+	+
57	鲤形目	鲤科	棒花鱼 *Abbottina rivularis* (Basilewsky)	+	+	+
58	鲤形目	鲤科	钝吻棒花鱼 *Abbottina obtusirostris* Wu *et* Wang ★		+	
59	鲤形目	鲤科	乐山小鳔鮈 *Microphysogobio kiatingensis* (Wu)	+	+	+
60	鲤形目	鲤科	细尾蛇鮈 *Saurogobio gracilicaudatus* Yao *et* Yang		+	+
61	鲤形目	鲤科	蛇鮈 *Saurogobio dabryi* Bleeker	+	+	+
62	鲤形目	鲤科	长蛇鮈 *Saurogobio dumerili* Bleeker		+	
63	鲤形目	鲤科	光唇蛇鮈 *Saurogobio gymnocheilus* Lo, Yao *et* Chen		+	+
64	鲤形目	鲤科	斑点蛇鮈 *Saurogobio punctatus* Tang, Li, Yu, Zhu, Ding, Liu *et* Danley		+	+
65	鲤形目	鲤科	短身鳅鮀 *Gobiobotia abbreviata* Fang *et* Wang ★	+	+	+
66	鲤形目	鲤科	宜昌鳅鮀 *Gobiobotia filifer* (Garman)	+	+	+
67	鲤形目	鲤科	异鳔鳅鮀 *Xenophysogobio boulengeri* (Tchang) ★	+	+	+
68	鲤形目	鲤科	高体鳑鲏 *Rhodeus ocellatus* (Kner)	+	+	+
69	鲤形目	鲤科	中华鳑鲏 *Rhodeus sinensis* Günther	+	+	+
70	鲤形目	鲤科	越南鱊 *Acheilognathus tonkinensis* (Vaillant)		+	
71	鲤形目	鲤科	无须鱊 *Acheilognathus gracilis* Nichols			+
72	鲤形目	鲤科	兴凯鱊 *Acheilognathus chankaensis* (Dybowski)		+	+
73	鲤形目	鲤科	大鳍鱊 *Acheilognathus macropterus* (Bleeker)		+	+
74	鲤形目	鲤科	峨眉鱊 *Acheilognathus omeiensis* (Shih *et* Tchang) ★		+	+
75	鲤形目	鲤科	短须鱊 *Acheilognathus barbatulus* (Günther)		+	+
76	鲤形目	鲤科	中华倒刺鲃 *Spinibarbus sinensis* (Bleeker)	+	+	+
77	鲤形目	鲤科	光倒刺鲃 *Spinibarbus hollandi* Oshima *		+	
78	鲤形目	鲤科	短头梭鲃 *Barbus capito* (Güldenstädt) *		+	
79	鲤形目	鲤科	金沙鲈鲤 *Percocypris pingi* (Tchang) ★		+	+
80	鲤形目	鲤科	宽口光唇鱼 *Acrossocheilus monticola* (Günther) ★		+	+
81	鲤形目	鲤科	云南光唇鱼 *Acrossocheilus yunnanensis* (Regan)	+	+	+
82	鲤形目	鲤科	白甲鱼 *Onychostoma sima* (Sauvage *et* Dabry)	+	+	+
83	鲤形目	鲤科	四川白甲鱼 *Onychostoma angustistomata* (Fang) ★		+	+
84	鲤形目	鲤科	瓣结鱼 *Folifer brevifilis brevifilis* (Peters)	+	+	
85	鲤形目	鲤科	麦瑞加拉鲮 *Cirrhinus mrigala* (Hamilton) *			+

续表

编号	目	科	种名	20世纪90年代	2006~2016年	2017~2021年
86	鲤形目	鲤科	胡氏华鲮 *Sinilabeo hummeli* Zhang, Kullander *et* Chen ★		+	
87	鲤形目	鲤科	长江孟加拉鲮 *Bangana rendahli* (Kimura) ★	+	+	+
88	鲤形目	鲤科	泉水鱼 *Pseudogyrinocheilus procheilus* (Sauvage *et* Dabry)	+	+	+
89	鲤形目	鲤科	宽唇华缨鱼 *Sinocrossocheilus labiata* Su, Yang *et* Cui ★			+
90	鲤形目	鲤科	墨头鱼 *Garra imberba* Garman	+		
91	鲤形目	鲤科	条纹异黔鲮 *Paraqianlabeo lineatus* Zhang, Peng *et* Zhao ★		+	+
92	鲤形目	鲤科	长丝裂腹鱼 *Schizothorax dolichonema* Herzenstein ★			+
93	鲤形目	鲤科	昆明裂腹鱼 *Schizothorax grahami* (Regan) ★	+	+	+
94	鲤形目	鲤科	古蔺裂腹鱼 *Schizothorax gulinensis* Ding, Dai *et* Huang ★			+
95	鲤形目	鲤科	四川裂腹鱼 *Schizothorax kozlovi* Nikolsky ★			+
96	鲤形目	鲤科	岩原鲤 *Procypris rabaudi* (Tchang) ★	+	+	+
97	鲤形目	鲤科	鲤 *Cyprinus carpio* Linnaeus	+	+	+
98	鲤形目	鲤科	散鳞镜鲤 *Cyprinu carpio* mirror *		+	
99	鲤形目	鲤科	鲫 *Carassius auratus* (Linnaeus)	+	+	+
100	鲤形目	鲤科	湘云鲫 *			+
101	鲤形目	亚口鱼科	胭脂鱼 *Myxocyprinus asiaticus* (Bleeker)	+	+	+
102	鲤形目	条鳅科	董氏须鳅 *Barbatula toni* (Dybowski) *			+
103	鲤形目	条鳅科	红尾副鳅 *Paracobitis variegatus* (Sauvage *et* Dabry de Thiersant)	+	+	+
104	鲤形目	条鳅科	短体副鳅 *Paracobitis potanini* (Günther) ★	+	+	+
105	鲤形目	条鳅科	乌江副鳅 *Paracobitis wujiangensis* Ding *et* Deng ★		+	+
106	鲤形目	条鳅科	高原鳅 spp.	+	+	+
107	鲤形目	沙鳅科	中华沙鳅 *Botia superciliaris* Günther	+	+	+
108	鲤形目	沙鳅科	宽体沙鳅 *Botia reevesae* Chang ★	+	+	+
109	鲤形目	沙鳅科	花斑副沙鳅 *Parabotia fasciata* Dabry de Thiersant	+	+	+
110	鲤形目	沙鳅科	双斑副沙鳅 *Parabotia bimaculata* Chen ★	+	+	+
111	鲤形目	沙鳅科	长薄鳅 *Leptobotia elongata* (Bleeker) ★	+	+	+
112	鲤形目	沙鳅科	薄鳅 *Leptobotia pellegrini* Fang		+	
113	鲤形目	沙鳅科	紫薄鳅 *Leptobotia taeniops* (Sauvage)	+	+	+
114	鲤形目	沙鳅科	小眼薄鳅 *Leptobotia microphthalma* Fu *et* Ye ★			+
115	鲤形目	沙鳅科	红唇薄鳅 *Leptobotia rubrilabris* (Dabry de Thiersant) ★	+	+	+
116	鲤形目	花鳅科	中华花鳅 *Cobitis sinensis* Sauvage *et* Dabry de Thiersant		+	+
117	鲤形目	花鳅科	泥鳅 *Misgurnus anguillicaudatus* (Cantor)	+	+	+
118	鲤形目	花鳅科	大鳞副泥鳅 *Paramisgurnus dabryanus* Sauvage		+	+

续表

编号	目	科	种名	20世纪90年代	2006~2016年	2017~2021年
119	鲤形目	腹吸鳅科	侧沟爬岩鳅 *Beaufortia liui* Chang ★		+	+
120	鲤形目	爬鳅科	犁头鳅 *Lepturichthys fimbriata* (Günther)	+	+	+
121	鲤形目	爬鳅科	短身金沙鳅 *Jinshaia abbreviata* (Günther) ★	+	+	+
122	鲤形目	爬鳅科	中华金沙鳅 *Jinshaia sinensis* (Sauvage *et* Dabry) ★		+	
123	鲤形目	爬鳅科	西昌华吸鳅 *Sinogastromyzon sichangensis* Chang ★	+	+	+
124	鲤形目	爬鳅科	四川华吸鳅 *Sinogastromyzon szechuanensis* Fang ★	+	+	+
125	鲤形目	爬鳅科	峨嵋后平鳅 *Metahomaloptera omeiensis* Chang	+	+	+
126	鲇形目	鲿科	黄颡鱼 *Pelteobagrus fulvidraco* (Richardson)		+	+
127	鲇形目	鲿科	长须黄颡鱼 *Pelteobagrus eupogon* (Boulenger)		+	+
128	鲇形目	鲿科	瓦氏黄颡鱼 *Pelteobagrus vachelli* (Richardson)		+	+
129	鲇形目	鲿科	光泽黄颡鱼 *Pelteobagrus nitidus* (Sauvage *et* Dabry)		+	+
130	鲇形目	鲿科	长吻鮠 *Leiocassis longirostris* Günther	+	+	+
131	鲇形目	鲿科	粗唇鮠 *Leiocassis crassilabris* Günther	+	+	+
132	鲇形目	鲿科	乌苏拟鲿 *Pseudobagrus ussuriensis* (Dybowski)	+	+	+
133	鲇形目	鲿科	切尾拟鲿 *Pseudobagrus truncatus* (Regan)	+	+	+
134	鲇形目	鲿科	凹尾拟鲿 *Pseudobagrus emarginatus* (Regan)	+	+	+
135	鲇形目	鲿科	细体拟鲿 *Pseudobagrus pratti* (Günther)	+	+	+
136	鲇形目	鲿科	短尾拟鲿 *Pseudobagrus brevicaudatus* (Wu)	+		
137	鲇形目	鲿科	大鳍鳠 *Mystus macropterus* (Bleeker)	+	+	+
138	鲇形目	鲇科	鲇 *Silurus asotus* Linnaeus	+	+	+
139	鲇形目	鲇科	大口鲇 *Silurus eridionalis* Chen	+	+	+
140	鲇形目	钝头鮠科	白缘䱀 *Liobagrus marginatus* (Günther)	+	+	+
141	鲇形目	钝头鮠科	黑尾䱀 *Liobagrus nigricauda* Regan	+		+
142	鲇形目	钝头鮠科	拟缘䱀 *Liobagrus marginatoides* (Wu) ★		+	+
143	鲇形目	鮡科	中华纹胸鮡 *Glyptothorax sinensis* (Regan)	+	+	+
144	鲇形目	鮡科	青石爬鮡 *Euchiloglanis davidi* (Sauvage) ★		+	+
145	鲇形目	鮰科	斑点叉尾鮰 *Ictalurus punctatus* (Rafinesque) *		+	+
146	鲇形目	鮰科	云斑鮰 *Ameiurus nebulosus* (Lesueur) *		+	
147	鲇形目	胡子鲇科	革胡子鲇 *Clarias gariepinus* (Burchell) *		+	
148	鲑形目	银鱼科	大银鱼 *Protosalanx chinensis* (Basilewsky) *		+	
149	鲑形目	银鱼科	太湖新银鱼 *Neosalanx taihuensis* Chen *		+	
150	鳉形目	胎鳉科	食蚊鱼 *Gambusia affinis* (Baird *et* Girard) *			+
151	颌针鱼目	大颌鳉科	青鳉 *Oryzias latipes* (Temminck *et* Schlegel)	+		

续表

编号	目	科	种名	20 世纪 90 年代	2006～ 2016 年	2017～ 2021 年
152	颌针鱼目	鱵科	间下鱵 *Hyporhamphus intermedius* (Cantor)		+	
153	鲈形目	真鲈科	大眼鳜 *Siniperca kneri* Garman	+	+	+
154	鲈形目	真鲈科	鳜 *Siniperca chuatsi* (Basilewsky)		+	+
155	鲈形目	真鲈科	斑鳜 *Siniperca scherzeri* Steindachner	+	+	+
156	鲈形目	沙塘鳢科	河川沙塘鳢 *Odontobutis potamophila* (Günther)		+	+
157	鲈形目	沙塘鳢科	小黄黝鱼 *Micropercops swinhonis* (Günther)		+	+
158	鲈形目	虾虎鱼科	子陵吻虾虎鱼 *Rhinogobius giurinus* (Rutter)	+	+	+
159	鲈形目	虾虎鱼科	刘氏吻虾虎鱼 *Rhinogobius liui* Chen et Wu ★		+	
160	鲈形目	虾虎鱼科	波氏吻虾虎鱼 *Rhinogobius cliffordpopei* (Nichols)		+	+
161	鲈形目	虾虎鱼科	粘皮栉虾虎鱼 *Mugilogobius myxodermus* (Herre)		+	
162	鲈形目	斗鱼科	圆尾斗鱼 *Macropodus chinensis* (Bloch)	+	+	+
163	鲈形目	斗鱼科	叉尾斗鱼 *Macropodus opercularis* (Linnaeus)	+	+	+
164	鲈形目	鳢科	乌鳢 *Channa argus* (Cantor)	+	+	+
165	鲈形目	鲈科	梭鲈 *Sander lucioperca* (Linnaeus) *		+	+
166	鲈形目	鲈科	大口黑鲈 *Micropterus salmoides* (Lacepède) *			+
167	合鳃鱼目	合鳃鱼科	黄鳝 *Monopterus albus* (Zuiew)	+	+	+
小计				108	147	140

注："★"表示长江上游特有鱼类；"＊"表示外来鱼类；"＋"表示该物种在这一时期有采集到

与 20 世纪 90 年代相比，白鲟、鯮、鳡、尖头鲌和拟尖头鲌等历史记录鱼类在 2006～2021 年长达 10 余年的调查中没有出现，表明它们在赤水河已基本消失。目前，这些鱼类大部分已极度濒危。其中，白鲟自 2003 年在长江上游南溪江段最后一次出现以来，已经近 20 年未见踪迹，2020 年被宣布灭绝；鳗鲡自三峡工程建成后已基本在长江上游江段绝迹；鯮和鳡也已有多年未在长江上游出现。因此，这些鱼类在赤水河的消失与整个长江上游水域生态环境的变化以及鱼类资源的衰减密切相关。

此外，2006 年以来在赤水河流域采集到了 56 个新记录种，造成这种现象的原因主要包括以下几个方面。

其一，调查范围扩大。近年来，赤水河沿岸的交通条件得到极大改善，使得能够对以往调查较少涉足的上游江段以及其他一些地理位置相对较为偏僻的支流进行全面调查，鱼类物种数量因此大幅增加。

其二，调查强度增加。保护区建立以来，中国科学院水生生物研究所等单位对赤水河流域的鱼类资源进行了长期和持续的调查与监测，部分种群规模相对较小（如四川白甲鱼、四川裂腹鱼和金沙鲈鲤等）的物种得以被采集。

其三，外来鱼类扩散。近年来，由于人为放生和养殖逃逸等原因，赤水河流域外来鱼类明显增加，部分种类甚至形成了稳定的种群，如尖头大吻鲹、董氏须鳅和食蚊鱼等。

其四，新物种的发现与描述。例如，宽唇华缨鱼是苏瑞凤等于 2003 年描述的新种，模式产地在赤水河最大支流桐梓河上游的桐梓县高桥镇；胡氏华鲮是张鹗等于 2006 年描述的新种，模式产地在长江上游的重庆和四川等地，近年调查表明其在赤水河也有分布；条纹异黔鲮是赵海涛等于 2014 年描述的新种，模式产地在乌江支流芙蓉江上游的绥阳县旺草镇香树湾、赤水河一级支流桐梓河上游的水坎村代家沟和赤水河二级支流冷水河上游的金沙县平坝镇；斑点蛇鮈是唐琼英等于 2018 年描述的新种，模式产地在赤水河赤水市江段；古蔺裂腹鱼是丁瑞华等于 2022 年描述的新种，模式产地在赤水河一级支流白沙河上游的古蔺县箭竹乡。

3.2 区系特征

赤水河流域分布的 150 种土著鱼类隶属于 7 目 21 科 86 属。从目级分类水平来看，以鲤形目物种数量最多，有 113 种，占鱼类物种总数的 75.3%；其次为鲇形目，有 19 种，占鱼类物种总数的 12.7%；再次为鲈形目，有 12 种，占鱼类物种总数的 8.0%；另外，鲟形目和颌针鱼目各 2 种，分别占鱼类物种总数的 1.3%；合鳃鱼目和鳗鲡目各 1 种，分别占鱼类物种总数的 0.7%（图 3.1）。

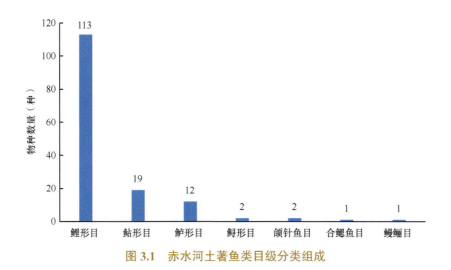

图 3.1 赤水河土著鱼类目级分类组成

从科级分类水平来看，赤水河土著鱼类以鲤科物种数量最多，有 89 种，占鱼类物种总数的 59.3%；其次为鳅科，有 12 种，占鱼类物种总数的 8.0%；再次为沙鳅科，有 9 种，占鱼类物种总数的 6.0%；另外，爬鳅科 7 种，占鱼类物种总数的 4.7%；条鳅科和虾虎鱼科各 4 种，分别占鱼类物种总数的 2.7%；钝头鮠科、花鳅科和真鲈科各 3 种，分别占鱼类物种总数的 2.0%；斗鱼科、鲇科、沙塘鳢科和鮡科各 2 种，分别占鱼类物种总数的 1.3%；大颌鳉科、白鲟科、合鳃鱼科、鳢科、鳗鲡科、鲟科、胭脂鱼科和鲿科各 1 种，分别占鱼类物种总数的 0.7%（图 3.2）。

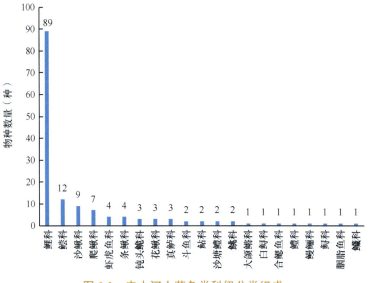

图 3.2　赤水河土著鱼类科级分类组成

　　鲤科下属的 12 个亚科在赤水河流域均有分布。其中，鮈亚科物种数量最多，有 22 种，占鲤科物种总数的 24.7%；其次为鲌亚科，有 20 种，占鲤科物种总数的 22.5%；再次为鲃亚科和鳅亚科，均有 8 种，各占鲤科物种总数的 9.0%；另外，雅罗鱼亚科和野鲮亚科各 6 种，分别占鲤科物种总数的 6.7%；鲷亚科有 5 种，占鲤科物种总数的 5.6%；裂腹鱼亚科有 4 种，占鲤科物种总数的 4.5%；鳅鮀亚科和鲤亚科各 3 种，分别占鲤科物种总数的 3.4%；鲂亚科和鲢亚科各 2 种，分别占鲤科物种总数的 2.2%（图 3.3）。

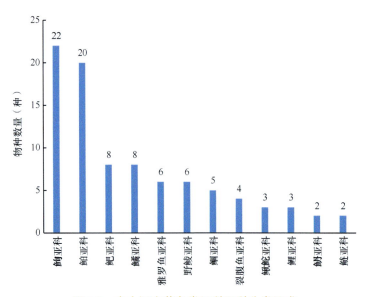

图 3.3　赤水河土著鱼类鲤科亚科分类组成

总体而言，赤水河鱼类区系组成复杂，并且极具典型性和代表性，整体表现出以鲤形目鲤科占明显优势、鲇形目鲿科占较大比重的特征，这与长江上游乃至整个长江流域的鱼类区系特征是一致的。

3.3 珍稀特有鱼类

赤水河流域分布的 150 种土著鱼类中，有 31 种鱼类被列入各级保护名录（表 3.2）。其中，列入《国家重点保护野生动物名录》（2021 年）的 I 级重点保护对象有长江鲟和白鲟 2 种；II 级重点保护对象有鲸、圆口铜鱼、长鳍吻鮈、金沙鲈鲤、四川白甲鱼、岩原鲤、胭脂鱼、长薄鳅、红唇薄鳅和青石爬鮡 10 种；列入《云南省重点保护野生动物》（1988 年）的重点保护对象有 1 种，即长江鲟；列入《贵州省重点保护野生动物名录》（2023 年）的重点保护对象 4 种，分别为宽唇华缨鱼、昆明裂腹鱼、四川裂腹鱼和中华沙鳅；列入《四川省重点保护野生动物名录》（2024 年）的重点保护对象有 9 种，分别为鳤、长体鲂、峨眉鱊、瓣结鱼、宽唇华缨鱼、紫薄鳅、薄鳅、小眼薄鳅和刘氏吻虾虎鱼；《中国生物多样性红色名录——脊椎动物卷（2020）》极危（CR）物种 7 种，分别为长江鲟、白鲟、鲸、鳤、圆口铜鱼、胭脂鱼和黑尾鲅；濒危（EN）物种 9 种，分别为鳗鲡、长鳍吻鮈、金沙鲈鲤、四川白甲鱼、胡氏华鲮、昆明裂腹鱼、长薄鳅、青石爬鮡和刘氏吻虾虎鱼；易危（VU）物种 11 种，分为厚颌鲂、宽唇华缨鱼、长丝裂腹鱼、四川裂腹鱼、岩原鲤、中华沙鳅、紫薄鳅、小眼薄鳅、红唇薄鳅、细体拟鲿和白缘鲹等。

表 3.2　赤水河流域分布的列入各级保护名录的珍稀濒危鱼类

序号	中文鱼名	保护级别				濒危等级		
		国家级	云南省	贵州省	四川省	CR	EN	VU
1	长江鲟	I	✓			✓		
2	白鲟	I				✓		
3	鳗鲡						✓	
4	鲸	II				✓		
5	鳤				✓	✓		
6	厚颌鲂							✓
7	长体鲂				✓			
8	圆口铜鱼	II				✓		
9	长鳍吻鮈	II					✓	
10	峨眉鱊				✓			
11	瓣结鱼				✓			

续表

序号	中文鱼名	保护级别				濒危等级		
		国家级	云南省	贵州省	四川省	CR	EN	VU
12	金沙鲈鲤	II					√	
13	四川白甲鱼	II					√	
14	胡氏华鲮						√	
15	宽唇华缨鱼			√	√			√
16	长丝裂腹鱼							√
17	昆明裂腹鱼			√			√	
18	四川裂腹鱼			√				√
19	岩原鲤	II						
20	胭脂鱼	II				√		
21	中华沙鳅			√				√
22	长薄鳅	II					√	
23	薄鳅				√			
24	紫薄鳅				√			√
25	小眼薄鳅				√			
26	红唇薄鳅	II						
27	细体拟鲿							√
28	白缘䰲							√
29	黑尾䰲					√		
30	青石爬鳅	II					√	
31	刘氏吻虾虎鱼			√			√	

注："I"和"II"分别表示列入《国家重点保护野生动物名录》（2021年）的一级和二级保护对象；"CR"、"EN"和"VU"表示《中国生物多样性红色名录——脊椎动物卷（2020）》的"极危"、"濒危"和"易危"物种；"√"表示该物种属于该省重点保护对象或者属于该濒危等级

此外，赤水河流域分布有45种长江上游特有鱼类，约占土著鱼类物种总数的1/3。宽唇华缨鱼和古蔺裂腹鱼是目前已知仅分布于赤水河流域的2种特有鱼类。其中，宽唇华缨鱼的模式产地为赤水河一级支流桐梓河上游的桐梓县高桥镇，在赤水河源头以及二道河和古蔺河等支流也维持有较大的种群规模；古蔺裂腹鱼模式产地为赤水河一级支流白沙河上游的古蔺县箭竹乡，在其他地点尚未见分布。条纹异黔鲮为赤水河和乌江共有的特有鱼类，在赤水河流域的冷水河、桐梓河和五马河等支流也有分布。

可见，赤水河鱼类的濒危特有程度非常高，具有重要的保护价值。

3.4 外来鱼类

2017～2021年调查期间，赤水河流域共采集15种外来鱼类（或选育品种），分别为杂交鲟、丁鱥、尖头大吻鲹、团头鲂、光倒刺鲃、短头梭鲃、麦瑞加拉鲮、散鳞镜鲤、湘云鲫、董氏须鳅、革胡子鲇、斑点叉尾鮰、食蚊鱼、梭鲈和大口黑鲈。其中，尖头大吻鲹、董氏须鳅、杂交鲟、短头梭鲃、散鳞镜鲤、食蚊鱼和革胡子鲇等采集数量较多，为赤水河常见的外来鱼类；而丁鱥、光倒刺鲃、麦瑞加拉鲮、斑点叉尾鮰、梭鲈和大口黑鲈等较为少见。

综合2006年以来的调查数据，赤水河流域共采集到了18种外来鱼类（或选育品种），分别为杂交鲟、丁鱥、尖头大吻鲹、团头鲂、短头梭鲃、光倒刺鲃、麦瑞加拉鲮、湘云鲫、散鳞镜鲤、董氏须鳅、斑点叉尾鮰、云斑鮰、革胡子鲇、太湖新银鱼、大银鱼、食蚊鱼、梭鲈和大口黑鲈。

从分布范围来看，杂交鲟、丁鱥、团头鲂、短头梭鲃、光倒刺鲃、麦瑞加拉鲮、湘云鲫、斑点叉尾鮰、云斑鮰、革胡子鲇、太湖新银鱼、大银鱼和梭鲈仅见于赤水河下游；尖头大吻鲹和董氏须鳅仅见于支流白沙河；散鳞镜鲤和食蚊鱼分布相对较为广泛，在赤水河下游以及习水河和五马河等支流均有分布。

总体而言，近年来赤水河外来鱼类呈现出增多的趋势。养殖逃逸或人为放生是导致这些外来鱼类进入赤水河自然水体的主要原因。目前，尖头大吻鲹、董氏须鳅和食蚊鱼已经在部分江段形成了稳定的种群，其潜在的生态影响需要引起关注。

3.5 物种多样性分析

3.5.1 流域内物种多样性分布

对赤水河不同干流江段和主要支流的鱼类物种数量和特有鱼类数量分别进行统计比较。结果显示，赤水河鱼类物种数量和特有鱼类数量均整体呈现出随着河流梯度向下游延伸而逐渐增多的趋势。赤水河源头的板桥村江段仅分布有鱼类4种，而河口合江县江段分布的鱼类多达99种；特有鱼类的数量也从源头江段的1种增加至河口江段的26种（图3.4）。

从特有鱼类的绝对数量来看，水潦彝族乡、赤水镇、太平镇、土城镇、复兴镇、赤水市、车辋镇、先市镇、密溪乡和合江县等干流江段以及大同河和习水河等支流是特有鱼类的集中分布区，这些江段或支流分布的特有鱼类均在10种以上（图3.4，图3.5）。

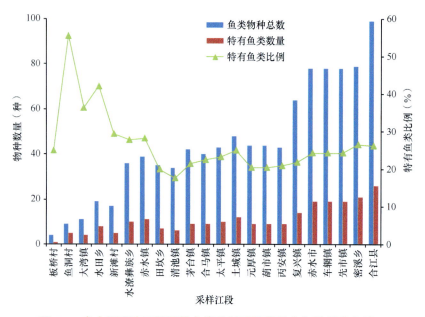

图 3.4　赤水河干流不同江段鱼类物种总数及特有鱼类的分布情况

图 3.5　赤水河不同支流鱼类物种总数及特有鱼类的分布情况

　　从特有鱼类占鱼类物种总数的比例来看，鱼洞村、大湾镇、水田乡、新滩村等干流江段以及妥泥河、扎西河、倒流河、对西小河、堡合河、河屯河、二道河、水边河、九仓河、桐梓河、梅溪河、清溪沟、沙嵌沟和长嵌沟等支流的特有鱼类比例较高，均在 30% 以上，其中鱼洞村和水田乡等干流江段以及二道河、沙嵌沟和长嵌沟等支流珍稀特有鱼类的比例甚至高达 40% 以上，表明这些江段或支流也是特有鱼类的重要分布区（图 3.4，图 3.5）。

　　从珍稀特有鱼类的生态习性来看，源头江段为裂腹鱼亚科（如昆明裂腹鱼和四川裂腹鱼）、鲃亚科（如四川白甲鱼和金沙鲈鲤）、野鲮亚科（宽唇华缨鱼）、鮡科（青石爬鮡）、腹吸鳅科（侧沟爬岩鳅）和爬鳅科（西昌华吸鳅）等适应急流冷水环境的产沉性卵特有鱼类的主要分布区；干流上中游江段为喜急流性鱼类特有鱼类的主要分布区，包括沙鳅科（如长薄鳅、宽体沙鳅和双斑副沙鳅）、爬鳅科（短身金沙鳅和中华金沙鳅）和鳅鮀亚科（短身鳅鮀）产漂流性卵特有鱼类以及岩原鲤、长江孟加拉鲮、宽口光唇鱼和半𩷋等产沉黏性卵特有鱼类；而下游江段是鲌亚科（如四川华鳊、高体近红鲌、汪氏近红鲌、黑尾近红鲌、张氏𩵋和厚颌鲂）等适应缓流或静水环境的产沉黏性卵特有鱼类的主要分布区，同时也是长江鲟、胭脂鱼、圆筒吻鮈和异鳔鳅鮀等主要在长江干流江段栖息和繁殖的珍稀特有鱼类的重要摄食场或者育幼场。

3.5.2 与长江上游不同河流的比较

统计表明，赤水河流域分布有 150 种土著鱼类和 45 种长江上游特有鱼类。在长江上游主要河流中，赤水河土著鱼类的物种数量仅次于金沙江、川江、岷江和嘉陵江，位居第五；长江上游特有鱼类的物种数量仅次于金沙江、川江和岷江，位居第四。此外，赤水河流域分布有宽唇华缨鱼和古蔺裂腹鱼 2 种仅见于本河流的特有鱼类，本地特有鱼类的物种数量低于金沙江以及支流安宁河、牛栏江、青衣江和乌江，但是高于川江以及岷江和嘉陵江等支流（表 3.3）。因此，可以说赤水河是长江上游鱼类多样性保护的重点区域。

表 3.3 长江上游主要河流土著鱼类和特有鱼类数量及本地特有鱼类种数

河流	土著鱼类总种数	长江上游特有鱼类种数	本地特有鱼类种数	数据来源
沱沱河	7	2	1	何勇凤，2010
通天河	6	2	0	何勇凤，2010
金沙江	179	66	10	何勇凤，2010
雅砻江	107	37	2	何勇凤，2010
安宁河	61	18	4	何勇凤，2010
牛栏江	49	19	3	王晓爱等，2009
黑水河	28	12	0	杨志等，2017
大汶溪	41	8	0	高少波，2014
川江	168	46	1	何勇凤，2010
岷江	157	51	1	何勇凤，2010
大渡河	127	44	2	何勇凤，2010
青衣江	125	39	3	何勇凤，2010
南广河	64	17	0	代梦梦等，2019
沱江	133	37	2	何勇凤，2010
赤水河	150	45	2	本研究

河流	土著鱼类总种数	长江上游特有鱼类种数	本地特有鱼类种数	数据来源
嘉陵江	157	40	1	何勇凤，2010
涪江	116	28	0	何勇凤，2010
渠江	102	19	0	何勇凤，2010
乌江	142	36	4	何勇凤，2010
大宁河	73	13	0	何勇凤，2010
小江	56	6	0	李斌等，2011
香溪河	45	9	1	何勇凤，2010

3.5.3 与金沙江下游和保护区干流江段的比较

长江上游是我国鱼类资源最为丰富的地区之一，共分布鱼类 286 种，其中仅分布于长江上游地区的特有鱼类多达 124 种（何勇凤，2010）。这些特有鱼类极大地丰富了长江上游的水生生物多样性，为我国淡水渔业可持续发展提供了物种基础，同时也是长江上游水域生态系统的重要组成部分，具有重要的生态价值和科研价值。部分特有鱼类还曾经是产区的重要经济鱼类，如圆口铜鱼、圆筒吻鮈、岩原鲤和青石爬鳅等。

与此同时，长江上游也是我国水能资源最为丰富的地区，水能资源蕴藏量达 21 857 万 kW，可开发量为 17 075 万 kW，占全流域可开发量（19 700 万 kW）的 86.7%（孙鸿烈，2008）。根据国务院 1990 年批准的《长江流域综合利用规划简要报告》，金沙江干流下游规划有向家坝、溪洛渡、白鹤滩和乌东德 4 个梯级电站，这 4 个梯级电站首尾相连，总装机容量达 3790 万 kW，相当于 2 个三峡电站。另外，金沙江下游的主要支流也规划了大量的梯级电站，其中雅砻江分 21 级开发，总装机容量为 2235 万 kW；大渡河干流双江口以下和岷江分别规划了 16 个和 17 个梯级电站。这些梯级电站建设运行后，长江上游河流生态系统的结构和功能将发生巨大变化，生活在此区域的珍稀特有鱼类将受到不同程度的不利影响。

为了缓解金沙江下游水电梯级开发对长江上游珍稀特有鱼类带来的不利影响，2005年 4 月国务院办公厅批准成立了"长江上游珍稀特有鱼类国家级自然保护区"。在保护区范围内，赤水河是一个与保护区其他部分既紧密联系，又相对独立的系统。目前，赤水河干流扎西河口以下干流江段尚未修建任何大坝，仍然保持着自然的河流特征，并且流程长、流量大、水质良好、河流栖息环境复杂多样、人类活动相对较少、着生藻类和底栖无脊椎动物等饵料生物丰富，是鱼类理想的栖息地和繁殖场所。随着长江上游干支流水电梯级开发的相继实施，长江上游干流江段的水文和水温将发生深刻的改变，并将对生活于该水域的水生生物产生严重的、叠加的和不可逆的影响。在此情况下，赤水河作为目前长江上游唯一一条自然河流，在长江上游珍稀特有鱼类保护方面将发挥着越来越重要的作用。

因此，本部分内容在综合文献资料调研和历史调查数据整理的基础上，对金沙江下游、保护区干流和赤水河的土著鱼类的物种多样性组成进行比较分析，采用平均鱼类区系类似法（average faunal resemblance，AFR）对不同江段的物种相似性进行比较，进一步探讨水电开发背景下赤水河在长江上游珍稀特有鱼类保护方面的价值。

统计显示，金沙江下游、保护区干流和赤水河共分布土著鱼类8目22科98属205种，其中金沙江下游分布7目20科86属169种、保护区干流分布8目22科93属172种、赤水河分布7目21科87属150种。西昌白鱼、嵩明白鱼、寻甸白鱼、短臀白鱼、长身鳡、云南盘鉤、短鳔盘鉤、原鲮、黑斑云南鳅、侧纹云南鳅、横纹南鳅、戴氏山鳅、昆明高原鳅、秀丽高原鳅、安氏高原鳅、前鳍高原鳅、修长高原鳅、细尾高原鳅、横斑原缨口鳅、长尾后平鳅、长须鮠、中臀拟鲿、中华鮠和前臀鮠24种鱼仅分布于金沙江下游；尖头大吻鳜、似鳡、福建小鳔鉤、似鉤、南方鳅鮀、方氏鲔鲅、寡鳞鳡、彩副鳡、多鳞铲颌鱼、大渡白甲鱼、短身白甲鱼、短尾高原鳅、似原吸鳅、圆尾拟鲿和中华刺鳅15种仅分布于保护区干流；越南鳡、金沙鲈鲤、宽唇华缨鱼、条纹异黔鲮、古蔺裂腹鱼和侧沟爬岩鳅6种仅分布于赤水河。

分析表明，金沙江下游和赤水河共分布鱼类190种，其中共有种有129种，鱼类物种相似度为81.2%，表明两者为共同区系关系；保护区干流和赤水河共分布鱼类181种，其中共有种141种，鱼类物种相似度为88.0%，两者同样为共同区系关系。

此外，金沙江下游、保护区干流和赤水河3个区域共分布长江上游特有鱼类75种，其中金沙江下游分布63种、保护区干流分布51种、赤水河分布45种。长江鲟、四川华鳊、高体近红鲌、汪氏近红鲌、黑尾近红鲌、半䱻、张氏䱻、厚颌鲂、圆口铜鱼、圆筒吻鉤、长鳍吻鉤、裸腹片唇鉤、钝吻棒花鱼、短身鳅鮀、异鳔鳅鮀、金沙鲈鲤、宽口光唇鱼、四川白甲鱼、长江孟加拉鲮、岩原鲤、短体副鳅、宽体沙鳅、双斑副沙鳅、长薄鳅、红唇薄鳅、短身金沙鳅、中华金沙鳅、西昌华吸鳅、四川华吸鳅、拟缘䱗、青石爬鮡和刘氏吻虾虎鱼32种特有鱼类在3个区域均有分布；西昌白鱼、嵩明白鱼、寻甸白鱼、短臀白鱼、长身鳡、原鲮、黑斑云南鳅、戴氏山鳅、昆明高原鳅、秀丽高原鳅、安氏高原鳅、前鳍高原鳅、长尾后平鳅、长须鮠、中臀拟鲿、中华鮠和前臀鮠17种仅分布于金沙江下游；大渡白甲鱼和短身白甲鱼2种仅分布于保护区干流；宽唇华缨鱼、条纹异黔鲮、古蔺裂腹鱼和侧沟爬岩鳅4种仅分布于赤水河；而其他20种分布于其中两个区域（表3.4）。

表3.4 长江上游珍稀特有鱼类在金沙江下游、保护区干流和赤水河的分布情况

鱼名	金沙江下游	保护区干流	赤水河
长江鲟	+	+	+
四川华鳊	+	+	+
高体近红鲌	+	+	+
汪氏近红鲌	+	+	+
黑尾近红鲌	+	+	+
西昌白鱼	+		
嵩明白鱼	+		
寻甸白鱼	+		
短臀白鱼	+		

鱼名	金沙江下游	保护区干流	赤水河
半鳘	+	+	+
张氏鳘	+	+	+
厚颌鲂	+	+	+
长体鲂		+	+
方氏鲴	+	+	
云南鲴	+	+	
嘉陵颌须鮈		+	+
圆口铜鱼	+	+	+
圆筒吻鮈	+	+	+
长鳍吻鮈	+	+	+
裸腹片唇鮈	+	+	+
钝吻棒花鱼	+	+	+
短身鳅鉈	+	+	
异鳔鳅鉈	+	+	+
裸体异鳔鳅鉈	+	+	
峨眉鱊		+	+
长身鱊	+		
金沙鲈鲤	+	+	+
宽口光唇鱼	+	+	+
四川白甲鱼	+	+	+
大渡白甲鱼		+	
短身白甲鱼		+	
胡氏华鲮		+	+
长江孟加拉鲮	+	+	+
宽唇华缨鱼			+
条纹异黔鲮			+
原鲮	+		
短须裂腹鱼	+	+	
长丝裂腹鱼	+		+
齐口裂腹鱼	+	+	
细鳞裂腹鱼	+	+	
昆明裂腹鱼	+		+
古蔺裂腹鱼			+

续表

鱼名	金沙江下游	保护区干流	赤水河
四川裂腹鱼	+		+
岩原鲤	+	+	+
四川云南鳅	+	+	
黑斑云南鳅	+		
短体副鳅	+	+	+
乌江副鳅		+	+
戴氏山鳅	+		
昆明高原鳅	+		
秀丽高原鳅	+		
安氏高原鳅	+		
前鳍高原鳅	+		
宽体沙鳅	+	+	+
双斑副沙鳅	+	+	+
长薄鳅	+	+	+
小眼薄鳅		+	+
红唇薄鳅	+	+	+
侧沟爬岩鳅			+
四川爬岩鳅	+	+	
窑滩间吸鳅	+	+	
短身金沙鳅	+		+
中华金沙鳅	+		+
西昌华吸鳅	+	+	+
四川华吸鳅	+	+	
长尾后平鳅	+		
长须鮠	+		
中臀拟鲿	+		
金氏䰾	+	+	
拟缘䰾	+	+	+
青石爬鮡	+	+	+
黄石爬鮡	+	+	
中华鮡	+		
前臀鮡	+		
刘氏吻虾虎鱼	+	+	+

"+"表示有分布

综上，赤水河与金沙江下游和保护区干流的物种相似性均较高，并且近 2/3 可能受到金沙江下游水电梯级开发不利影响的长江上游特有鱼类在赤水河有分布。高体近红鲌、黑尾近红鲌、半鳘、张氏鳘、厚颌鲂、宽口光唇鱼、岩原鲤、昆明裂腹鱼、双斑副沙鳅、四川华吸鳅和西昌华吸鳅等特有鱼类虽然目前在金沙江下游或保护区干流也有分布，但是以赤水河的种群规模最大，可以说赤水河是它们最重要的栖息地和繁殖场所；四川白甲鱼、金沙鲈鲤、汪氏近红鲌、长江孟加拉鲮和青石爬鮡等特有鱼类在其他两个区域已经多年未见踪迹，但是在赤水河仍然维持着一定的种群规模。以上结果均表明赤水河是长江上游特有鱼类的重要栖息地和繁殖场所，是减缓金沙江下游水电开发不利影响的重要生境。

同时，本研究也表明，西昌白鱼、嵩明白鱼、寻甸白鱼、短臀白鱼、长身鱊、原鲮、黑斑云南鳅、戴氏山鳅、昆明高原鳅、秀丽高原鳅、安氏高原鳅、前鳍高原鳅、长尾后平鳅、长须鮈、中臀拟鲿、中华鮡和前臀鮡等 17 种特有鱼类对金沙江下游的栖息环境依赖性较强，部分种类甚至仅分布于某些支流或者附属湖泊，如西昌白鱼仅分布于安宁河和普渡河、嵩明白鱼仅分布于牛栏江、寻甸白鱼仅分布于清水海、短臀白鱼仅分布于鲹鱼河、长身鱊仅分布于滇池、原鲮仅分布于以礼河、昆明高原鳅仅分布于螳螂江和礼让江、秀丽高原鳅仅分布于漾弓江、黑斑云南鳅仅分布于安宁河、四川云南鳅仅分布于安宁河、长尾后平鳅仅分布于牛栏江、长须鮈仅分布于宾居河、中臀拟鲿仅分布于普渡河、金氏鉠仅分布于鲹鱼河。对于这些种类，赤水河可能无法发挥保护作用，需要在其原分布区进行就地保护。

04

第 4 章　赤水河鱼类群落特征

鱼类群落的时空格局及其构建机制是鱼类生态学研究的核心论题,同时对于鱼类资源保护具有重要指导意义。研究表明,河流鱼类群落结构通常表现出一定的时空差异。造成这些差异的原因包括历史因素(如物种的形成、迁移与扩散),以及各种现实的生物因素(如竞争、捕食、生态系统生产力和食物可利用度等)和非生物因素(如环境稳定性、栖息地复杂度和适合度等)。这些因素在不同的时间尺度(昼夜、季节、年度或更长)和空间尺度(微生境、江段、流域等)上影响着鱼类的时空分布格局,不同的地区或河流中决定鱼类群落结构时空变化的因素也不尽相同。对鱼类群落结构的时空变化进行研究,不仅可以了解鱼类的时间迁移规律、空间分布特征及其与环境因子之间的关系,还有助于从理论上理解鱼类群落结构的构建机制,为深入探讨各种自然灾害或人类活动对鱼类群落的影响、制定合理的鱼类资源保护对策提供重要信息。

本章采用聚类分析(CLUSTER)、排序分析(NMDS)和典型对应分析(CCA)等方法对赤水河鱼类群落结构的空间分布特征及其关键驱动机制进行了探讨,以期深入了解自然河流状态下鱼类群落的构建机制,为赤水河鱼类资源保护提供科学依据。

4.1 鱼类群落空间格局

2015 年 6 月、2016 年 4～7 月、2016 年 10 月、2017 年 5～6 月和 2017 年 10 月对赤水河流域共 41 个采样点的鱼类资源和栖息地现状进行了调查(图 4.1)。根据不同江段的生境特征,采取不同的捕捞方式,包括定置刺网、流刺网、小钩、虾笼和脉冲捕捞(经渔政部门批准)等,以期采集到尽可能多的种类。在鱼类标本采集的同时,测量经纬度、海拔、水深、河宽、流速、水温、溶氧量、pH 和电导率等环境因子。

根据不同种类在各采样点的出现情况建立 1/0(是 / 否)矩阵,其中横坐标为物种,纵坐标为样点。以杰卡德相似性系数(Jaccard similarity coefficient)为基础构建不同采样点的相似性矩阵,采用等级聚类(未加权组平均法,即 UPGMA)的分类方法和非度量多维标度(non-metric multidimensional scaling,NMDS)的排序方法分别构建聚类分析图和 NMDS 平面图。由于这两种分析方法自然互补,它们可共同作为分析群落结构时空格局的有效工具,并相互验证分析结果的正确性(Brazner and Beaks,1997)。排序分析结果的优劣由胁强系数(stress)来衡量,胁强系数 < 0.05 表明排序结果具有很好的代表性;0.05 < 胁强系数 < 0.1 表明排序结果基本可信;0.1 < 胁强系数 < 0.2 表明排序结果具有一定的参考意义,但是某些细节不可信;胁强系数 > 0.2 表明排序分布几乎是任意的,其结果不可信(Clarke and Warwick,2001)。

运用相似性分析(analysis of similarities,ANOSIM)对不同样点群落结构的差异显著性进行检验,组内所有样点的平均值相似性与组间所有样点间的平均值相似性之间的差异用 R 表示,R 值范围为 –1～1(通常为 0～1),$R = 1$ 表示组内各样点的相似性高于组间各样点的相似性,而 R 值接近 0 时表示组内各样点与组间各样点具有相同的相似性程度。运用百分比相似性分析(similarity of percentage analysis,SIMPER)分析不同鱼类对于组内相似性和组间相异性的平均贡献率,并将累积贡献率达到60%的种类定义为主要特征种。

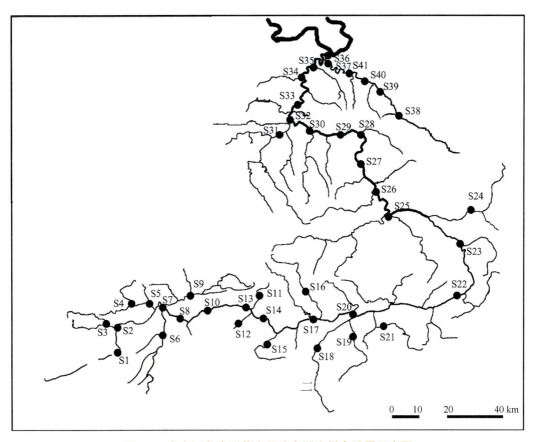

图 4.1 赤水河鱼类群落空间分布调查样点设置示意图

应用束缚型排序 (constrained ordination) 对赤水河鱼类物种空间分布与环境因子之间的关系进行分析,识别影响鱼类空间分布的主要影响因子。将调查期间的年均水温等水文因素作为环境数据源;物种 1/0 数据作为物种数据源,构成环境因子与物种矩阵。对物种数据的除趋势对应分析 (detrended correspondence analysis,DCA) 表明,非线性模型更适合本研究,因此采用典型对应分析 (canonical correspondence analysis,CCA) 探究早期资源密度变化与环境因子的关系。为了优化分析,对环境数据进行 lg (x+1) 转化,波动因子 (inflation factor) 大于 20 的环境因子均被剔除,并在分析中降低稀有种的权重。利用蒙特卡罗检验 (Monte-Carlo test) (999 迭代,$P < 0.05$) 筛选出具有重要且独立作用的最少变量组合,该最少变量组合用于最终的典型对应分析中。

排序分析和相似性分析使用 R 软件完成,包括 "distance"、"hclust"、"metaMDS" 和 "anosim" 模块 (Oksanen et al.,2019);百分比相似性分析采用 PRIMER 5 软件完成 (Clarke and Warwick,2001);典型对应分析和排序图输出采用 Canoca for Windows 4.5 软件完成。

4.1.1 鱼类群落空间分布特征

聚类分析显示,赤水河鱼类群落空间划分与地理区划基本一致。在 55% 的相似性水平上,41 个样点可以划分为 5 个群组,分别对应源头、上游、中游、下游和支流习水河

（图4.2a）。排序分析同样表明，赤水河鱼类群落可以划分为源头、上游、中游、下游和支流习水河5个群组（图4.2b），胁强系数=0.08，说明排序结果基本可信。相似性分析表明，Global R = 0.921，P < 0.001，进一步验证了聚类分析和排序分析的可靠性，说明赤水河鱼类群落结构空间差异显著。

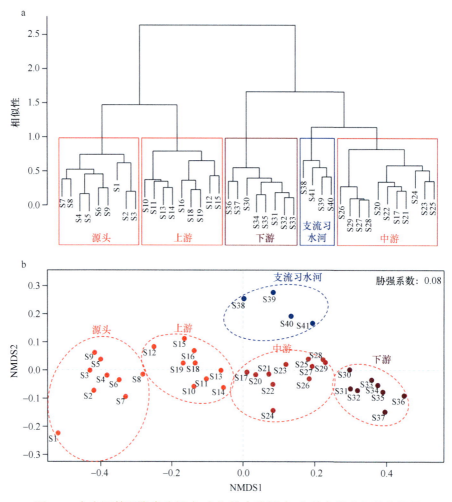

图4.2 赤水河基于聚类分析（a）和排序分析（b）的鱼类空间分布格局

SIPMER分析显示，赤水河不同江段鱼类组成相似性程度非常高，源头、上游、中游、下游和支流习水河江段的平均相似性分别为70.9%、69.6%、73.2%、85.4%和67.6%。

赤水河不同江段鱼类特征种的数量由源头的6种，逐渐增加至上游的9种、中游的15种和下游的35种，反映了鱼类物种数量随着河流向下游延伸而逐渐增加以及群落结构渐趋复杂的特征。此外，不同江段鱼类组成表现出一定的空间替换性。除泥鳅和宽鳍鱲等少数广适性物种外，源头江段的特征种主要是一些适应急流冷水环境的种类，如昆明裂腹鱼、泉水鱼、红尾副鳅和西昌华吸鳅等；与源头江段相似，上游江段同样以喜急流性种类为主，如昆明裂腹鱼、泉水鱼、墨头鱼、云南光唇鱼和马口鱼等；中游江段鱼类组成表现出上下游交会的特点，其特征种不仅包括一些典型的喜急流性种类，如半𩽾、宽口光唇鱼和中华倒刺鲃，同时也包括大量的普适性或喜缓流环境的种类，如唇䱻、鳜、银鮈、蛇鮈、斑点蛇鮈和瓦氏黄颡鱼等；下游江段则以鲌亚科（如翘嘴鲌、蒙古鲌、飘鱼和高体近红鲌等）、鮈亚科（如银鮈、蛇鮈和斑点蛇鮈）等、鳑鲏亚科（如中华鳑鲏）、鲤亚科（如鲤和鲫）、鲿科（如瓦氏黄颡鱼和光泽黄颡鱼等）和鲈形目（如鳜、大眼鳜、乌鳢和子陵吻虾虎鱼等）等喜缓流或静水性种类占明显优势；由于梯级水电开发导致的栖息地片段化和破碎化等原因，支流习水河的鱼类组成表现出喜急流鱼类（如白甲鱼和中华倒刺鲃等）和普适性鱼类（如切尾拟鲿、大鳍鳠和鮎等）共存的特点（表4.1）。

表 4.1   赤水河不同江段的主要特征种及其对于江段间差异的贡献率（%）

鱼名	源头	上游	中游	下游	支流习水河
红尾副鳅	9.53	—	—	—	—
昆明裂腹鱼	12.45	6.88	—	—	—
西昌华吸鳅	9.53	6.88	—	—	—
泉水鱼	9.53	6.88	—	—	—
泥鳅	12.45	6.88	4.12	1.82	7.63
宽鳍鱲	9.53	6.88	4.12	1.82	7.63
墨头鱼	—	6.88	—	—	—
云南光唇鱼	—	6.88	—	—	—
切尾拟鲿	—	6.88	4.12	1.82	7.63
马口鱼	—	6.88	4.12	1.82	—
唇䱻	—	—	4.12	—	—
宽口光唇鱼	—	—	4.12	—	—
半𩽾	—	—	4.12	—	—
中华倒刺鲃	—	—	4.12	1.82	7.63
大鳍鳠	—	—	4.12	1.37	7.63
鳜	—	—	4.12	1.82	—
鲫	—	—	4.12	1.82	—
银鮈	—	—	4.12	1.82	—
蛇鮈	—	—	4.12	1.82	—
斑点蛇鮈	—	—	4.12	1.82	—
瓦氏黄颡鱼	—	—	3.37	1.82	—
鲤	—	—	—	1.82	—
光泽黄颡鱼	—	—	—	1.82	—
子陵吻虾虎鱼	—	—	—	1.82	—

续表

鱼名	源头	上游	中游	下游	支流习水河
宜昌鳅鮀	—	—	—	1.82	—
大眼鳜	—	—	—	1.82	—
乌鳢	—	—	—	1.82	—
岩原鲤	—	—	—	1.82	—
中华鳑鲏	—	—	—	1.82	—
短须颌须鮈	—	—	—	1.82	—
蒙古鲌	—	—	—	1.82	—
翘嘴鲌	—	—	—	1.82	—
花鲭	—	—	—	1.82	—
华鳈	—	—	—	1.82	—
草鱼	—	—	—	1.82	—
飘鱼	—	—	—	1.82	—
寡鳞飘鱼	—	—	—	1.82	—
高体近红鲌	—	—	—	1.82	—
麦穗鱼	—	—	—	1.82	—
大眼华鳊	—	—	—	1.37	—
斑鳜	—	—	—	1.37	—
鲇	—	—	—	1.82	7.63
白甲鱼	—	—	—	1.82	7.63
裸腹片唇鮈	—	—	—	—	7.63

注：仅列出累计贡献率为 60% 的种类；"—"表示无数据

4.1.2 鱼类群落环境适应性

典型对应分析显示，海拔、河宽和溶氧量是影响赤水河鱼类群落物种空间分布的 3 个关键环境因子，前 4 个轴共解释了 80.0% 的物种与环境因子关系变异（表 4.2）。高原鳅属鱼类、昆明裂腹鱼和宽唇华缨鱼等适应高原环境的鱼类的分布与海拔呈显著正相关；西昌华吸鳅、红尾副鳅、泉水鱼、白甲鱼、云南光唇鱼和墨头鱼等喜急流性鱼类的分布与溶氧量呈显著正相关；绝大部分喜静水或缓流环境的鱼类，如鲿科（大鳍鳠、粗唇鮠、黄颡鱼、瓦氏黄颡鱼等）、鲌亚科（飘鱼、寡鳞飘鱼、高体近红鲌、黑尾近红鲌、汪氏近红鲌、张氏鳌、厚颌鲂等）、鮈亚科（银鮈、蛇鮈、华鳈、吻鮈和花鲭）、鳑鲏亚科（中华鳑鲏、高体鳑鲏和大鳍鱊等）、雅罗鱼亚科（草鱼和赤眼鳟等）、鲢亚科（鲢和鳙）、鲤亚科（鲤和鲫）的分布与河宽呈显著正相关，而与流速呈负相关；半鳌、子陵吻虾虎鱼和长薄鳅等广布性鱼类的分布与这些环境因子的相关性均不强（图 4.3）。

表 4.2　赤水河鱼类物种空间分布与环境因子关系的典型对应分析统计描述

CCA 轴	1	2	3	4
特征值	0.743	0.507	0.358	0.327
物种与环境因子相关性	0.960	0.871	0.879	0.871
物种数据累计方差百分比	11.8	19.9	25.5	30.7
物种与环境关系累计方差百分比	30.7	51.7	66.5	80.0

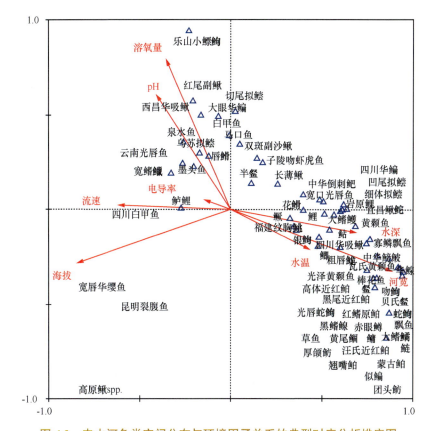

图 4.3　赤水河鱼类空间分布与环境因子关系的典型对应分析排序图

4.2 鱼类群落时间格局

　　根据 2013～2015 年镇雄县、赤水镇、赤水市和合江县 4 个代表性江段连续 3 年的季度调查数据，采用聚类分析对赤水河源头、上游、中游和下游江段鱼类群落结构的季节变化特征进行了分析；与此同时，根据 2007～2019 年赤水镇、赤水市和合江县 3 个代表性江段的长时间序列监测数据，对不同江段鱼类群落结构的年际变化特征进行了分析。

4.2.1 鱼类群落季节变化特征

1）源头（镇雄县）江段

2013～2015 年定点调查期间，镇雄县江段共采集到鱼类 26 种，其中长江上游珍稀特有鱼类有昆明裂腹鱼、西昌华吸鳅、四川白甲鱼、金沙鲈鲤、岩原鲤、长丝裂腹鱼、长薄鳅、青石爬鮡、宽唇华缨鱼和侧沟爬岩鳅 10 种。云南光唇鱼、昆明裂腹鱼、宽鳍鱲和泉水鱼等喜急流性种类为该江段的主要优势种类。特有鱼类中，昆明裂腹鱼无论是质量百分比和尾数百分比均占有较高的比重；西昌华吸鳅由于体型较小，在渔获物中的质量百分比虽然不高，但占有较高的尾数百分比；四川白甲鱼、金沙鲈鲤、岩原鲤、长丝裂腹鱼、长薄鳅、青石爬鮡、宽唇华缨鱼和侧沟爬岩鳅等特有鱼类在渔获物中的比重较低，或者仅在个别季节出现（表 4.3）。

表 4.3　赤水河镇雄县江段渔获物组成（%）

鱼名	质量百分比	尾数百分比	出现率	IRI%
云南光唇鱼	32.95	33.36	98.00	40.97
昆明裂腹鱼	27.24	15.53	88.00	23.73
宽鳍鱲	3.37	16.19	90.00	11.10
泉水鱼	9.86	13.63	70.00	10.37
四川白甲鱼	11.33	1.59	46.00	3.75
墨头鱼	7.38	2.86	54.00	3.49
红尾副鳅	1.42	6.90	58.00	3.04
西昌华吸鳅	0.50	5.72	66.00	2.59
中华倒刺鲃	1.75	0.50	30.00	0.43
切尾拟鲿	1.00	1.10	12.00	0.16
金沙鲈鲤	0.89	0.21	14.00	0.10

注：IRI% 表示百分比相对重要性指数（percent index of relative importance），表中仅列出 IRI% ≥ 0.10% 的种类

聚类分析显示，坡头镇江段鱼类群落结构未表现出明显的趋势性季节变化（图 4.4），这可能与该江段主要优势种类的定居生活习性有关。此外，该江段较高的海拔和较低的水温有效阻止了其他江段鱼类的迁入。

2）上游（赤水镇）江段

2013～2015 年定点调查期间，赤水镇江段共采集鱼类 37 种，其中长江上游珍稀特有鱼类有长薄鳅、半𬶟、西昌华吸鳅、裸腹片唇鮈、宽唇华缨鱼、昆明裂腹鱼、宽体沙鳅、乌江副鳅和短身金沙鳅 9 种。墨头鱼、宽鳍鱲、泉水鱼、唇䱻和云南光唇鱼等为该江段的主要优势种类。特有鱼类中，西昌华吸鳅和长薄鳅在渔获物中占有一定的比重，其他特有

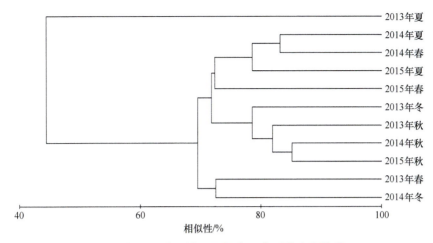

图 4.4　赤水河坡头镇江段鱼类群落季节变化聚类图

鱼类如半𬶉、昆明裂腹鱼、裸腹片唇鮈、宽唇华缨鱼、短身金沙鳅、宽体沙鳅和乌江副鳅在渔获物中的比重相对较低，或者仅在个别季节出现（表4.4）。

表 4.4　赤水河赤水镇江段渔获物组成（%）

鱼名	质量百分比	尾数百分比	出现率	IRI%
墨头鱼	36.47	15.80	75.00	35.81
宽鳍鱲	8.43	21.58	50.00	13.71
泉水鱼	10.57	7.44	80.00	13.16
唇鲭	14.66	12.95	50.00	12.61
云南光唇鱼	6.94	6.39	77.50	9.44
切尾拟鲿	6.23	12.42	32.50	5.54
白甲鱼	4.19	1.36	37.50	1.90
红尾副鳅	0.65	4.44	32.50	1.51
鳜	3.24	1.43	22.50	0.96
马口鱼	0.97	1.77	35.00	0.88
蛇鮈	0.73	1.75	37.50	0.85
西昌华吸鳅	0.18	3.21	25.00	0.77
长薄鳅	1.76	0.41	35.00	0.69
裸腹片唇鮈	0.24	2.16	30.00	0.66
花鲭	1.50	1.20	22.50	0.55
中华纹胸鮡	0.22	0.67	32.50	0.26
半𬶉	0.20	0.59	25.00	0.18
宽唇华缨鱼	0.11	2.13	7.50	0.15

续表

鱼名	质量百分比	尾数百分比	出现率	IRI%
鮊	0.97	0.13	10.00	0.10
粗唇鮠	0.38	0.48	12.50	0.10

注：仅列出 IRI% ≥ 0.01% 的种类

聚类分析显示，在 60% 的相似性水平上，赤水镇江段鱼类群落可以划分冬季和非冬季两个群组（图 4.5）。相似性分析显示，Global R = 0.934，P = 0.018 < 0.05，即群落季节变化差异显著。

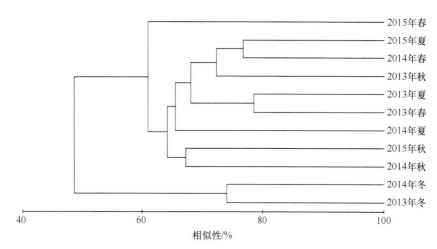

图 4.5　赤水河赤水镇江段鱼类群落季节变化聚类图

百分比相似性分析显示，两个群组的组间相异性为 59.49%。造成该差异的主要特征种有墨头鱼、唇鳍、宽鳍鳢、切尾拟鲿、白甲鱼、泉水鱼、昆明裂腹鱼、鳜、云南光唇鱼和长薄鳅（表 4.5）。其中，墨头鱼和白甲鱼在冬季月份的相对丰度明显高于非冬季月份；鳜在冬季月份的相对丰度略高于非冬季月份；而唇鳍、宽鳍鳢、切尾拟鲿、泉水鱼、昆明裂腹鱼、云南光唇鱼和长薄鳅等表现出相反的趋势。特有鱼类昆明裂腹鱼和长薄鳅表现出一定的季节变化，这可能与它们在繁殖期的集群有关。

表 4.5　造成赤水河赤水镇江段鱼类群落季节差异的主要特征种的相对丰度及其贡献率（%）

鱼名	非冬季相对丰度	冬季相对丰度	贡献率	累计贡献率
墨头鱼	27.44	77.03	41.68	41.68
唇鳍	17.57	0.25	14.55	56.23
宽鳍鳢	9.53	0.03	8.00	64.23
切尾拟鲿	8.45	0.00	7.10	71.33

鱼名	非冬季相对丰度	冬季相对丰度	贡献率	累计贡献率
白甲鱼	3.06	8.78	6.40	77.72
泉水鱼	11.39	6.60	4.96	82.68
昆明裂腹鱼	4.00	0.00	3.37	86.05
鳜	2.56	2.65	3.29	89.34
云南光唇鱼	6.82	4.57	2.90	92.24
长薄鳅	3.38	0.00	2.84	95.08

3）中游（赤水市）江段

2013～2015 年定点调查期间，赤水市江段共采集鱼类 72 种，其中长江上游珍稀特有鱼类有长江鲟、岩原鲤、高体近红鲌、半𩾎、裸腹片唇鮈、长薄鳅、四川华吸鳅、宽口光唇鱼、长江孟加拉鲮、双斑副沙鳅、张氏𱫊、四川华鳊、宽体沙鳅、厚颌鲂、拟缘䱀和汪氏近红鲌 16 种。大鳍鳠、瓦氏黄颡鱼、中华倒刺鲃和唇䱻等为该江段的主要优势种类。特有鱼类中，高体近红鲌和岩原鲤在每个季节均有出现，并且在渔获物中占有一定的比重；其他特有鱼类如长薄鳅和四川华吸鳅等，虽然几乎在每个季节都有出现，但是在渔获物中的比重较小；另外一些特有鱼类如宽口光唇鱼、长江孟加拉鲮、双斑副沙鳅、张氏𱫊、四川华鳊和宽体沙鳅则只在个别季节出现（表 4.6）。

表 4.6 赤水河赤水市江段渔获物组成（％）

鱼名	质量百分比	尾数百分比	出现率	IRI%
大鳍鳠	13.62	12.16	74.63	16.30
瓦氏黄颡鱼	13.59	11.85	73.63	15.87
中华倒刺鲃	15.44	3.47	68.66	11.00
唇䱻	9.87	10.21	63.18	10.75
银鮈	3.72	11.26	76.12	9.66
蛇鮈	8.39	10.06	59.20	9.25
粗唇鮠	6.64	8.22	71.64	9.02
切尾拟鲿	3.67	8.86	56.72	6.02
吻鮈	4.30	2.95	43.28	2.66
鳜	2.68	2.03	58.21	2.32
鲫	1.56	4.08	36.32	1.74
高体近红鲌	1.64	2.38	43.78	1.49
花䱻	2.09	4.13	20.90	1.10
鲤	3.41	0.44	22.39	0.73

续表

鱼名	质量百分比	尾数百分比	出现率	IRI%
岩原鲤	1.40	0.37	18.41	0.28
黄颡鱼	0.50	0.63	26.87	0.26
飘鱼	0.70	0.59	20.90	0.23
半𩾈	0.36	0.90	20.40	0.22
蒙古鲌	0.82	0.25	17.91	0.16
鲇	0.99	0.23	14.93	0.15
宽鳍鱲	0.25	0.62	20.40	0.15
光泽黄颡鱼	0.22	0.53	21.39	0.14
裸腹片唇鮈	0.10	0.59	17.91	0.10

注：仅列出 IRI% ≥ 0.10% 的种类

聚类分析显示，在 60% 的相似性水平上，赤水市江段鱼类群落大致可以划分为春夏和秋冬两个群组（图 4.6）。相似性分析显示，Global $R = 0.926$，$P = 0.003 < 0.05$，即群落季节变化差异显著。

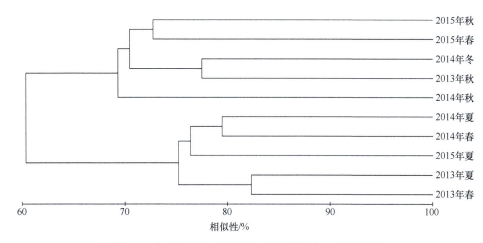

图 4.6　赤水河赤水市江段鱼类群落季节变化聚类图

百分比相似性分析显示，两个群组的组间相异性为 54.75%。造成该差异的主要特征种有大鳍鱲、中华倒刺鲃、蛇鮈、唇鱛、瓦氏黄颡鱼、粗唇鮠、吻鮈、鲤、切尾拟鲿、银鮈、高体近红鲌、白甲鱼、岩原鲤、鳜和蒙古鲌。中华倒刺鲃、蛇鮈、唇鱛、吻鮈、鲤、高体近红鲌和白甲鱼在秋冬季节的相对丰度要高于春夏季节；而大鳍鱲、瓦氏黄颡鱼、粗唇鮠、切尾拟鲿、银鮈、岩原鲤、鳜和蒙古鲌等表现出相反的趋势（表 4.7）。特有鱼类高体近红鲌和岩原鲤表现出一定的季节变化，这与他们在繁殖季节的集群有关。

表 4.7　造成赤水河赤水市江段鱼类群落季节差异的主要特征种的相对丰度及其贡献率（%）

鱼名	春夏相对丰度	秋冬相对丰度	贡献率	累计贡献率
大鳍鳠	22.08	5.70	14.95	14.95
中华倒刺鲃	10.87	22.34	10.97	25.92
蛇鮈	2.10	13.24	10.63	36.55
唇鲷	6.87	17.64	10.44	46.99
瓦氏黄颡鱼	18.94	7.89	10.10	57.09
粗唇鮠	10.54	2.54	7.30	64.39
吻鮈	1.20	8.35	6.93	71.32
鲤	1.59	6.62	5.21	76.53
切尾拟鲿	5.45	1.02	4.04	80.57
银鮈	4.81	0.88	3.59	84.16
高体近红鲌	1.16	2.51	1.93	86.08
白甲鱼	0.00	1.40	1.28	87.37
岩原鲤	1.56	0.77	1.27	88.64
鳜	3.35	2.00	1.63	89.89
蒙古鲌	1.40	0.71	1.66	91.06

4）下游（合江县）江段

2013～2015 年定点调查期间，合江县江段采集鱼类 101 种，其中长江上游珍稀特有鱼类有胭脂鱼、张氏䱗、四川华鳊、厚颌鲂、黑尾近红鲌、高体近红鲌、汪氏近红鲌、圆筒吻鮈、裸腹片唇鮈、嘉陵颌须鮈、钝吻棒花鱼、长江孟加拉鲮、宽口光唇鱼、岩原鲤、拟缘䱀、短体副鳅、乌江副鳅、双斑副沙鳅、四川华吸鳅、和刘氏吻虾虎鱼 20 种（表 4.8）。银鮈、鲫、鲤、瓦氏黄颡鱼和子陵吻虾虎鱼等小型鱼类为该江段的主要优势种类。特有鱼类中，张氏䱗、厚颌鲂和黑尾近红鲌在渔获物中占有一定的比重。高体近红鲌、岩原鲤和四川华吸鳅等特有鱼类虽然几乎在每个季节都有出现，但是在渔获物中的比重较小；另外一些特有鱼类如双斑副沙鳅、圆筒吻鮈、钝吻棒花鱼、嘉陵颌须鮈、宽口光唇鱼、拟缘䱀、汪氏近红鲌和乌江副鳅则只在个别季节出现。

表 4.8　赤水河合江县江段渔获物组成（%）

鱼名	质量百分比	尾数百分比	出现率	IRI%
银鮈	4.47	33.94	59.76	23.20
鲫	6.34	5.06	77.51	8.93
鲤	13.71	0.90	58.58	8.65
瓦氏黄颡鱼	10.13	3.15	59.76	8.02

鱼名	质量百分比	尾数百分比	出现率	IRI%
子陵吻虾虎鱼	1.38	14.21	50.89	8.02
蛇鮈	3.50	7.07	66.27	7.08
中华倒刺鲃	11.92	0.65	55.62	7.06
蒙古鲌	4.82	2.95	63.31	4.97
似鳊	2.28	5.40	50.89	3.95
草鱼	8.35	0.49	40.83	3.65
鲢	9.29	0.20	21.30	2.04
翘嘴鲌	2.35	1.12	47.34	1.66
黑尾近红鲌	0.91	2.07	51.48	1.55
飘鱼	2.56	1.83	32.54	1.44
张氏䱗	1.35	1.58	46.75	1.38
中华鳑鲏	0.12	3.01	40.83	1.29
鳜	1.26	1.07	42.01	0.99
花鱼骨	1.62	1.40	24.85	0.76
贝氏䱗	0.67	1.28	30.18	0.59
光泽黄颡鱼	0.30	0.92	43.79	0.54
黄颡鱼	0.76	0.69	31.95	0.47
鳙	3.16	0.07	12.43	0.41
厚颌鲂	1.36	0.26	20.71	0.34
麦穗鱼	0.05	0.79	35.50	0.30
鲇	1.02	0.25	20.71	0.27
䱗	0.21	0.86	21.89	0.24
吻鮈	1.03	0.34	16.57	0.23
泥鳅	0.10	0.57	33.73	0.23
大鳍鱊	0.33	0.31	34.32	0.22
唇鱼骨	0.30	1.04	15.98	0.22
高体近红鲌	0.28	0.40	27.81	0.19
光唇蛇鮈	0.10	0.32	24.26	0.10
岩原鲤	0.25	0.23	20.12	0.10

注：仅列出 IRI% ≥ 0.10% 的种类

聚类分析显示，在 50% 的相似性水平上，合江县江段鱼类群落可以划分为春夏和秋冬两个群组（图 4.7）。相似性分析显示，Global R=0.800，P=0.002 < 0.05，表明类群间差异显著，即群落季节变化明显。

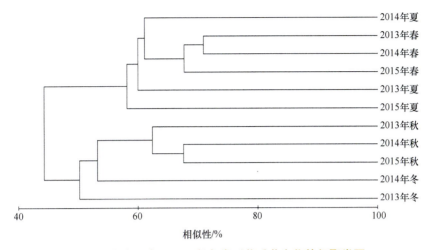

图 4.7　赤水河合江县江段鱼类群落季节变化等级聚类图

　　百分比相似性分析显示，两个群组的组间相异性为 71.13%。造成该差异的主要特征种有银鮈、蛇鮈、子陵吻虾虎鱼、鲫、瓦氏黄颡鱼和似鳊等 25 种，其中蛇鮈、鲫和似鳊等 19 种鱼类在秋冬季节的相对丰度要高于春夏季节；而银鮈、子陵吻虾虎鱼等 6 种表现出相反的趋势（表 4.9）。特有鱼类中，黑尾近红鲌和张氏鳘在秋冬季节的相对丰度明显高于春夏季节，这与当年幼鱼大量进入捕捞群体有关。

表 4.9　造成赤水河合江县江段鱼类群落季节差异的主要特征种的相对丰度及其贡献率（%）

鱼名	春夏相对丰度	秋冬相对丰度	贡献率	累计贡献率
银鮈	33.47	1.27	21.90	21.90
蛇鮈	7.46	22.21	11.21	33.11
子陵吻虾虎鱼	15.62	0.29	10.43	43.54
鲫	5.87	16.91	8.28	51.81
瓦氏黄颡鱼	3.30	8.15	4.57	56.38
似鳊	3.64	6.04	4.03	60.42
唇䱻	3.34	4.34	3.13	63.54
飘鱼	2.18	4.19	2.93	66.48
贝氏鳘	1.22	4.61	2.78	69.26
鳜	0.40	3.58	2.20	71.46
鲤	1.33	3.81	2.12	73.58
蒙古鲌	3.16	2.43	2.01	75.59
黑尾近红鲌	1.30	2.78	1.99	77.57
中华倒刺鲃	0.35	3.27	1.93	79.50
中华鳑鲏	2.30	1.52	1.87	81.38

鱼名	春夏相对丰度	秋冬相对丰度	贡献率	累计贡献率
大鳍鳠	0.11	2.09	1.45	82.83
黄颡鱼	0.37	2.27	1.36	84.19
黄尾鲴	0.04	1.75	1.22	85.41
翘嘴鲌	1.28	1.44	1.03	86.44
吻鮈	0.42	1.55	0.96	87.41
草鱼	0.39	1.67	0.92	88.33
张氏䱗	1.50	2.34	0.79	89.12
中华花鳅	0.97	0.00	0.66	89.78
鲢	0.05	0.95	0.66	90.43

4.2.2 鱼类群落年际变化特征

采用聚类分析、排序分析和百分比相似性分析，对赤水河不同江段鱼类群落结构的变化特征以及引起这种变化的主要特征种进行了分析。

1）上游（赤水镇）江段

聚类分析显示，在70%的相似性水平上，赤水镇江段鱼类群落随着时间的变化可以划分为3个群组，其中群组Ⅰ对应2007~2009年，群组Ⅱ对应2012~2016年，群组Ⅲ对应2010~2011年和2017~2019年（图4.8）。排序分析也显示，赤水镇江段鱼类群落可以划分为上述3个群组（图4.9），并且2017年全面禁渔之后，赤水镇江段鱼类群落逐渐恢复至监测活动开始之初。相似性分析表明，Global $R = 0.723$，$P < 0.001$，进一步证实了该江段鱼类群落年际变化显著。

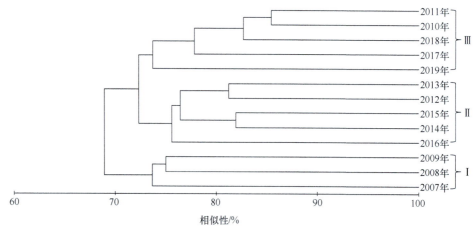

图4.8 赤水河赤水镇江段基于聚类分析的鱼类群落年际变化

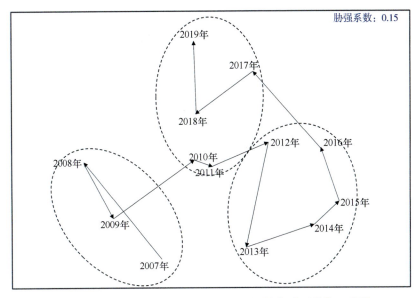

�胁强系数：0.15

图 4.9　赤水河赤水镇江段基于排序分析的鱼类群落年际变化

　　百分比相似性分析显示，禁渔之前赤水镇江段白甲鱼和中华倒刺鲃等大中型鱼类的相对丰度随着时间的变化逐渐降低，而墨头鱼和唇䱻等小型鱼类的相对丰度逐年升高。其中，白甲鱼的相对丰度由 2007～2009 年的 14.32% 下降至 2012～2016 年的 3.25%，中华倒刺鲃的相对丰度由 2007～2009 年的 18.93% 下降至 2012～2016 年的 0.66%。随着 2017 年全面禁渔政策的实施，白甲鱼和中华倒刺鲃等大中型鱼类的相对丰度明显增加，其中白甲鱼已恢复至基本接近 2007～2009 年的水平（表 4.10）。

表 4.10　赤水河赤水镇江段主要特征种相对丰度的年际变化（%）

鱼名	相对丰度		
	2007～2009 年	2012～2016 年	2010～2011 年 +2017～2019 年
墨头鱼	20.36	27.56	15.63
中华倒刺鲃	18.93	0.66	2.76
白甲鱼	14.32	3.25	12.53
唇䱻	6.20	17.05	13.34
粗唇鮠	16.86	8.73	12.27
云南光唇鱼	6.34	8.38	16.16
宽鳍鱲	4.01	6.90	4.85
泉水鱼	7.43	12.60	14.63

2）中游（赤水市）江段

　　聚类分析显示，在 75% 的相似性水平上，赤水市江段鱼类群落随着时间的变化可以划分为 4 个群组，分别对应 2007～2008 年、2009～2013 年、2014～2016 年和 2017～

2019年（图4.10）。排序分析也显示，赤水市江段鱼类群落可以划分为上述4个群组，胁强系数=0.14，表明排序结果具有一定的参考意义（图4.11）。相似性分析表明，Global R=0.708，$P < 0.001$，进一步证实了该江段鱼类群落年际变化显著。

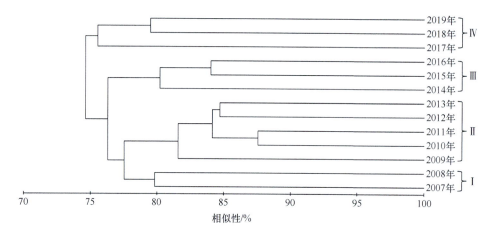

图4.10　赤水河赤水市江段基于聚类分析的鱼类群落年际变化

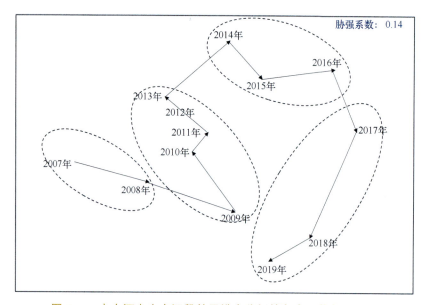

图4.11　赤水河赤水市江段基于排序分析的鱼类群落年际变化

　　百分比相似性分析显示，造成赤水市江段鱼类群落结构年际变化的特征种主要有唇䱻、光泽黄颡鱼、银鮈、切尾拟鲿和中华倒刺鲃等。全面禁渔之前，光泽黄颡鱼和银鮈等种类的相对丰度持续下降；而随着禁渔政策的实施，这些鱼类的相对丰度开始恢复。值得注意的是，切尾拟鲿和中华倒刺鲃的相对丰度仍持续在下降（表4.11）。

表 4.11　赤水河赤水市江段主要特征种相对丰度的年际变化（%）

鱼名	相对丰度			
	2007～2008 年	2009～2013 年	2014～2016 年	2017～2019 年
唇鲭	6.07	18.02	16.71	13.25
光泽黄颡鱼	8.92	1.63	1.80	8.55
银鮈	19.80	13.93	5.48	8.15
切尾拟鲿	9.13	9.77	6.37	2.91
中华倒刺鲃	8.21	4.31	3.47	2.04
蛇鮈	5.48	9.74	6.17	21.64
瓦氏黄颡鱼	8.61	10.68	11.71	14.56
粗唇鮠	9.28	9.51	13.04	5.89
高体近红鲌	3.02	1.09	5.09	3.47
大鳍鳠	8.04	7.79	14.66	7.27
鲫	1.65	3.24	0.74	1.29
吻鮈	1.37	2.80	2.85	3.22

3）下游（合江县）江段

聚类分析显示，在约 65% 的相似性水平上，合江县江段鱼类群落随着时间的变化可以划分为 4 个群组，分别对应 2007 年、2008～2012 年、2013～2016 年和 2017～2019 年（图 4.12）。排序分析也显示，合江县江段鱼类群落可以划分为上述 4 个群组，胁强系数 =0.06，表明排序结果基本可信（图 4.13）。相似性分析表明，Global $R = 0.877$，$P < 0.001$，进一步证实了该江段鱼类群落年际变化显著。

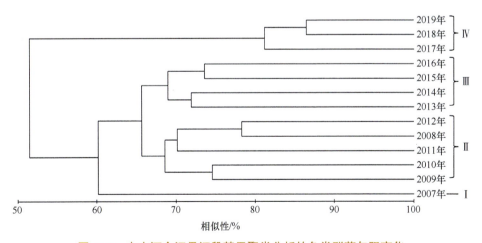

图 4.12　赤水河合江县江段基于聚类分析的鱼类群落年际变化

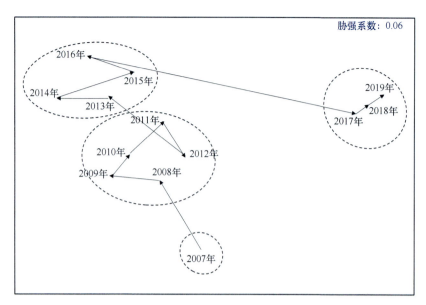

图 4.13　赤水河合江县江段基于排序分析的鱼类群落年际变化

　　百分比相似性分析显示，造成合江县江段鱼类群落结构年际变化的特征种主要有光泽黄颡鱼、银鮈、子陵吻虾虎鱼、瓦氏黄颡鱼、大鳍鳠和粗唇鮠等。全面禁渔之前，光泽黄颡鱼和蛇鮈的相对丰度持续下降，而随着禁渔政策的实施，这些鱼类的相对丰度逐渐恢复。尽管如此，似鳊、宜昌鳅鮀、张氏䱗和圆口铜鱼相对丰度表现出持续减少的趋势，其中圆口铜鱼从 2008 年之后从渔获物中消失（表 4.12）。

表 4.12　赤水河合江县江段主要特征种相对丰度的年际变化（%）

鱼名	相对丰度			
	2007 年	2008～2012 年	2013～2016 年	2017～2019 年
光泽黄颡鱼	15.76	1.35	1.03	4.60
银鮈	11.27	22.35	33.77	1.70
子陵吻虾虎鱼	0.77	5.81	14.66	0.09
飘鱼	3.47	7.49	2.03	2.84
似鳊	5.68	4.39	3.32	2.22
蛇鮈	11.96	9.67	6.61	9.31
宜昌鳅鮀	2.61	0.12	0.04	0.01
鲫	3.43	5.05	5.72	1.64
张氏䱗	8.41	7.98	1.51	0.89
瓦氏黄颡鱼	4.37	3.43	4.58	22.94
圆口铜鱼	2.08	0.10	0.00	0.00
粗唇鮠	0.49	0.61	0.27	14.56
大鳍鳠	0.12	0.44	0.39	13.69

续表

鱼名	相对丰度			
	2007 年	2008～2012 年	2013～2016 年	2017～2019 年
唇䱻	1.88	1.96	2.69	4.13
黄颡鱼	0.01	0.96	0.56	3.05
蒙古鲌	2.08	2.37	2.11	2.14
鲇	0.12	0.69	0.34	1.64
吻鮈	1.39	0.98	0.53	2.13
切尾拟鲿	0.04	0.08	0.06	1.60
高体近红鲌	1.71	0.56	0.39	2.01

4.3 分析与讨论

4.3.1 鱼类群落空间分布特征及其影响因素

　　长期以来，鱼类群落随河流梯度的纵向变化格局一直是群落生态学的重要研究内容。目前，生态学家已经根据各自的观察与研究结果，提出了一些关于自然河流生态系统鱼类群落空间分布格局的理论预测模型，如鱼类纵向成带理论（the longitudinal fish zonation）（Huet，1959；Aarts and Nienhuis，2003）和河流连续统概念（the river continuum concept，RCC）（Vannote et al.，1980）等。纵向成带理论认为自然河流从源头到下游可以划分为多个独立的区域，每一个区域拥有各自独特的鱼类组成。虽然该理论目前仍然被文献资料频繁引用，并且被当作是河流生态研究与管理的重要理论基础。但是，该理论的一些缺陷陆续被指出，其中一个最主要的缺陷是该理论强调不同区域之间严格和突然的边界，这与一些河流表现出来的连续变化的特征明显不符。相反，河流连续统概念认为水生生物群落从源头到下游表现出连续变化的特征，以适应河流理化环境（如河宽、水深、水温和流量等）和食物资源的纵向连续变化。虽然河流连续统理论最早是针对水生大型无脊椎动物提出来的，相似的纵向变化特征在温带和热带河流鱼类群落方面也已被观察到。

　　聚类分析和排序分析显示，赤水河鱼类群落空间变化差异显著，鱼类群落随着河流梯度可以划分为 5 个群组，分别代表源头、上游、中游、下游和支流习水河。赤水河源头江段地处云贵高原腹地，海拔高，水温低，溶洞暗河密布，水流湍急，该江段的特征种主要是一些适应急流冷水环境的种类，如昆明裂腹鱼、泉水鱼、红尾副鳅和西昌华吸鳅等；赤水河上游江段地处云贵高原斜坡地带，落差大，河谷深邃，多急流和险滩，鱼类组成同样以喜急流性种类为主，如昆明裂腹鱼、泉水鱼、墨头鱼、云南光唇鱼和马口鱼等；赤水河中游地处云贵高原与四川盆地的过渡地带，河流生境复杂多样，鱼类组成表现出上下游交会的特点，其特征种不仅包括一些典型的喜急流性种类，如半䰾、宽口光唇鱼和中华倒刺鲃，同时也包括大量的普适性或喜缓流环境的种类，如唇䱻、花䱻、鳜、银鮈、蛇鮈、斑点蛇鮈和瓦氏黄颡鱼等；赤水河下游属于四川盆地边缘，地势相对平坦，河道放宽加深，流速变缓，鲌亚科（如翘嘴鲌、蒙古鲌、飘鱼和高体近红鲌等）、鮈亚科（如银鮈、蛇鮈和斑点蛇鮈）等、鳑鲏亚科（如中华鳑鲏）、鲤亚科（如鲤和鲫）、鲿科（如粗唇鮠、瓦氏黄颡鱼、光泽黄颡鱼）和鲈形目（如鳜、大眼鳜、乌鳢和子陵吻虾虎鱼等）等喜缓流或静水性种类相应增加；而支流习水河由于梯级水电开发导致的栖息地片段化和破碎化等原因，鱼类组成表现出喜急流鱼类（如白甲鱼和中华倒刺鲃等）和普适性鱼类（如切尾拟鲿、大鳍鳠和鲇等）共存的特点。因此，从鱼类群落划分结果以及不同江段的鱼类组成差异来看，赤水河鱼类群落看起来似乎比较符合纵向成带理论（Huet，1959；Aarts and Nienhuis，2003）。但是，赤水河干流不同群组之间的边界并不是非常清楚，并且鱼类物种是逐渐替换的，而不是突然替换的。一些广布性的种类，如泥鳅和麦穗鱼，在所有的江段均有分布；此外，昆明裂腹鱼、泉水鱼、墨头鱼和西昌华吸鳅在源头和上游江段均有分布，马口鱼和粗唇鮠同时分布于上游、中游和下游。因此，我们认为赤水河鱼类群落的纵向变化特征更符合河流连续统概念（Vannote et al.，1980）。

河流鱼类群落的空间分布格局受到非生物因素（河流地貌形态、环境特征、栖息生境适合度）、生物因素（物种间捕食、竞争）和历史因素（物种的形成、灭绝、迁移和扩散）等多重因素的综合影响。这些因素对鱼类群落分布的相对重要性因不同河流的理化特征以及不同的时空研究尺度而异。本研究多元分析显示，赤水河鱼类群落可以划分为源头、上游、中游、下游和支流习水河 5 个群组，这与根据河流地形、地貌等划分的赤水河地理区划基本一致，表明河流非生物因素可能是影响赤水河鱼类群落结构的重要因素。典型对应分析进一步显示，海拔、河宽和溶氧量是影响赤水河鱼类空间分布的 3 个关键环境因子。海拔是一个综合性的指标，表征了水温和初级生产力等多个环境因素的变化特征。一般而言，海拔越高，水温越低，初级生产力越低。昆明裂腹鱼、高原鳅属鱼类、和宽唇华缨鱼等鱼类在长期的进化过程中形成了一系列适应高原冷水环境的生理和生态特征，且主要以着生藻类为食，因而成为源头段高海拔地区的优势种类。溶氧量对鱼类的代谢活动和各种生命机能起着重要的限制作用，其与水体流速密切相关（殷名称，1995）。一般而言，流水水体的溶氧量高于静水或者缓流。赤水河上游分布的绝大部分鱼类，如西昌华吸鳅、红尾副鳅、泉水鱼、白甲鱼、云南光唇鱼和墨头鱼等，对溶氧量要求较高，这也是这些鱼类偏好急流环境的主要原因。河宽与流速密切相关。一般而言，随着河流向下游延伸，河道变宽，流速趋缓，这也是绝大部分喜静水或缓流环境的鱼类，如鲿科（如大鳍鳠、粗唇鮠、黄颡鱼、瓦氏黄颡鱼等）、鲌亚科（如飘鱼、寡鳞飘鱼、高体近红鲌、黑尾近红鲌、汪氏近红鲌、张氏鳘、厚颌鲂等）、鮈亚科（如银鮈、蛇鮈、华鳈、吻鮈和花䱀）、鳑鲏亚科（如中华鳑鲏、高体鳑鲏和大鳍鳑等）、雅罗鱼亚科（如草鱼和赤眼鳟等）、鲢亚科（如鲢和鳙）、鲤亚科（如鲤和鲫）的分布与河宽呈显著正相关的主要原因。

4.4.2　鱼类群落季节变化特征

本章研究表明，赤水河源头江段鱼类群落结构未表现出明显的季节变化，而其他江段鱼类群落结构的季节变化差异显著，不同江段河流自然环境以及鱼类生态习性的差异是造成不同江段鱼类群落季节变化表现不一致的主要原因。

赤水河源头江段喀斯特地貌发育，溶洞暗河密布，河流水温较低且季节变化不大，生活于该江段的优势种类多为适应高原环境的冷水性鱼类，如裂腹鱼类和高原鳅类。这些鱼类多以定居性生活，在较短的江段范围内即可完成其生活史过程；此外，该江段海拔高，水温低，水流急，并且位于源头江段与上游江段接合部的鸡鸣三省大峡谷里面存在多个大跌水，这些因素有效阻止了其他江段鱼类的向上迁入，因而使得该江段鱼类群落在不同季节能够保持相对稳定（吴金明，2011）。而源头以下江段均分布有较多中短距离的洄游性鱼类，并且鸡鸣三省大峡谷以下干流江段没有大的自然跌水和人工闸坝，可以保证鱼类在不同栖息地之间的自由迁移，因而这些江段鱼类群落相应地表现出一定的季节变化。

百分比相似性分析显示，造成赤水镇江段鱼类群落季节变化的主要特征种有墨头鱼、唇䱻、宽鳍鱲、切尾拟鲿和白甲鱼，其中墨头鱼和白甲鱼在冬季月份的相对丰度明显高于非冬季月份，而唇䱻、宽鳍鱲和切尾拟鲿表现出相反的趋势；造成赤水市江段鱼类群落季节变化的主要特征种有大鳍鳠、中华倒刺鲃、蛇鮈、唇䱻、瓦氏黄颡鱼、粗唇鮠、吻鮈和鲤，其中中华倒刺鲃、蛇鮈、唇䱻、吻鮈和鲤等在秋冬季节的相对丰度明显高于春夏季节，而大鳍鳠、瓦氏黄颡鱼和粗唇鮠等表现出相反的趋势；造成合江县江段鱼类季节变化的主要特征种有银鮈、蛇鮈、子陵吻虾虎鱼和鲫，其中蛇鮈和鲫在秋冬季节的相对丰度高于春夏季节，而银鮈和子陵吻虾虎鱼则表现出相反的趋势。

水温等环境因素的季节变化引起的鱼类繁殖、索饵和越冬等生活史事件的变换可能是造成除源头之外其他江段鱼类群落季节变化的主要原因。例如，上游江段的墨头鱼和白甲鱼等初春2~3月份即开始繁殖，繁殖活动开始前的集群使得这些鱼类在冬季渔获物中的相对丰度明显升高。中下游江段的鳠科（如大鳍鳠、瓦氏黄颡鱼和粗唇鮠等）鱼类具有明显的越冬习性，随着入秋以后，水温降低、水位下跌和饵料减少，这些种类的摄食活动逐渐减弱并进入深水沱或者岩缝中活动，使得它们在秋冬季渔获物中的比例显著下降；鲤、鲫以及一些小型鮈亚科种类（如蛇鮈、吻鮈和唇䱻等）无明显的越冬习性，在冬季也不停食或者停食期很短，因而成为赤水河中下游秋冬季节渔获物中的主要优势种类。此外，由于赤水河干流目前尚未修建大坝，仍然与长江干流保持着自然连通，很多鱼类依靠在赤水河与长江干流之间的季节性迁移来完成生活史过程，例如张氏䱗、飘鱼、高体近红鲌和黑尾近红鲌等产沉黏性卵鱼类在繁殖季节成群进入赤水河河口水草丰富的江段产卵繁殖，银鮈和似鳊等喜缓流环境的小型鱼类于春夏季洪水期进入支流以躲避洪水带来的不利影响，而中华倒刺鲃、鲢和草鱼等鱼类则在秋季育肥期从长江干流成群进入赤水河摄食育肥。这些活动均可导致鱼类群落的季节性变化。

总体而言，赤水河鱼类群落季节变化体现了对河流环境特征及其季节动态的高度适应。

4.4.3 鱼类群落年际变化特征以及禁渔效果分析

研究表明，赤水河不同江段鱼类群落均表现出了明显的年际变化。由于自然环境以及人类活动强度等方面的差异，不同江段鱼类群落结构发生变化的时间节点不尽一致。2017年全面禁渔之前，赤水河鱼类群落的变化特征主要体现在以下两个方面。

（1）鱼类小型化趋势加剧，主要表现为中华倒刺鲃和白甲鱼等体型较大的鱼类在渔获物中的比例持续降低，而唇鱼骨、银鲴和子陵吻虾虎鱼等小型鱼类在渔获物中的比例急剧上升。造成赤水河鱼类小型化趋势加剧的原因是多方面的，过度捕捞无疑是其中最重要的一个原因。按照长江上游珍稀特有鱼类国家级自然保护区总体规划以及补偿项目实施计划，保护区的核心区和缓冲区禁止任何商业捕捞，所有专业渔民均应在 2007 年底完成转产安置工作。但是由于各种原因，保护区内渔民转产安置工作进展相当缓慢，以致保护区建立 10 余年后保护区内的商业捕捞仍在继续。据统计，截至 2016 年底，赤水河中下游的仁怀市、习水县、赤水市和合江县就有登记在册的专业渔民 335 户 670 余名，此外还有大量的副业渔民。高强度的捕捞压力使得赤水河的鱼类越捕越少、越捕越小，电鱼、毒鱼和炸鱼等非法捕捞手段的广泛使用更是加剧了赤水河鱼类小型化趋势。

（2）部分特有鱼类资源量严重下降，如张氏𝒔和圆口铜鱼等，其中尤以圆口铜鱼下降速度最为明显。2007 年合江县江段渔获物中圆口铜鱼的相对丰度为 2.08%，2008～2012 年下降至 0.10%，而 2013 之后渔获物中再未有圆口铜鱼出现。作为一种典型的产漂流性卵的河道洄游型鱼类，圆口铜鱼的产卵场仅分布于金沙江中下游以及雅砻江干流的下游，它们的受精卵在漂流的过程中发育孵化，孵化后的仔稚鱼继续随水漂流至下游合适的江段育肥，当长成至幼鱼或亚成鱼后，开始向上游迁移。历史上，圆口铜鱼是长江上游江段的重要优势种类之一，保护区干流合江段渔获物中圆口铜鱼的比重在 2008 年向家坝水电站截流以前一直维持在 30% 以上。但是，随着金沙江中下游以及雅砻江干流下游水电梯级开发的逐步实施，保护区干流圆口铜鱼的上溯繁殖洄游通道被阻隔，坝上受精卵和仔稚鱼的下行漂流通道也被阻断。鱼类早期资源调查表明，2008 向家坝水电站截流后，通过宜宾断面进入保护区的圆口铜鱼早期资源补充量急剧下降，2012 年下闸蓄水后已无补充。由于坝上卵苗补充量的急剧下降，目前长江上游的宜宾市、合江县、木洞镇等江段已很难采集到圆口铜鱼了。赤水河是长江上游为数不多的仍然与长江上游干流江段保持自然连通的大型一级支流，很多鱼类正是借助在赤水河与长江干流之间的自由迁移来完成其生活史过程。当保护区干流圆口铜鱼种群规模较大时，很多圆口铜鱼幼鱼在夏秋季节进入赤水河下游摄食育肥；但是随着保护区干流圆口铜鱼的种群规模越来越小，目前已很少有个体能够进入赤水河了。

为更好地修复赤水河水域生态环境，2016 年 12 月 27 日，原农业部发布《农业部关于赤水河流域全面禁渔的通告》，宣布从 2017 年 1 月 1 日开始在赤水河流域实施为期 10 年的全面禁渔。结果显示，全面禁渔 3 年以来，赤水河鱼类群落结构得到了一定程度的恢复。上游的赤水镇江段由于鱼类组成相对较为简单、所面临的人类活动相对较少，目前鱼类群落结构已基本恢复到了监测活动开始之初；而中游的赤水市江段和下游的合江县江段由于鱼类组成较为复杂且面临的人类活动错综复杂，虽然不同江段鱼类群落表现出了恢复到监测之初的趋势性，但是这种变化在统计学上并不显著。

因此，为了进一步促进赤水河鱼类资源恢复，需要继续严格执行禁渔政策，着力打击非法捕捞；此外，在严格控制排污、航道整治和支流水电开发等其他人类活动的基础上，开展生态修复示范。

05

第 5 章 | 赤水河鱼类繁殖特征

繁殖是鱼类生活史的重要环节,直接关系到鱼类种群的生存与发展。在漫长的自然选择过程中,鱼类形成了多样化的繁殖策略,以保证物种及其后代对生存环境的高度适应。鱼类早期资源调查是进行鱼类生态学研究和渔业资源管理的重要手段之一(Chambers and Trippel,1997;曹文宣等,2007)。通过早期资源调查可以很好地估算鱼类繁殖群体的规模并预测种群补充量;此外,在早期资源调查中获得的有关鱼类繁殖习性、繁殖需求和产卵场信息还有助于了解不同鱼类的繁殖策略,对于鱼类资源保护具有积极意义(Bialetzki et al.,2005;Corrêa et al.,2010)。

20世纪五六十年代以来,我国学者针对长江鱼类早期资源开展了大量的工作,先后摸清楚了长江干流鱼类(特别是四大家鱼)的产卵条件、产卵场分布和产卵规模等问题,建立并逐步完善了鱼类早期资源调查方法体系(王昌燮,1959;易伯鲁和梁秩燊,1964;曹文宣等,2007)。这些工作为科学评价产漂流性卵鱼类资源量的变化趋势以及探讨水电工程对鱼类繁殖活动的影响提供了重要的数据支撑和方法保障。

近年来,为探讨三峡水库蓄水和金沙江下游水电梯级开发对长江上游珍稀特有鱼类国家级自然保护区鱼类资源的影响,段辛斌(2008)、姜伟(2009)和唐锡良(2010)分别在三峡水库库尾江段进行了鱼类早期资源调查。这些研究表明,保护区干流江段是众多产漂流性卵鱼类(如四大家鱼、铜鱼、圆口铜鱼、长鳍吻鮈、圆筒吻鮈、中华沙鳅、长薄鳅、红唇薄鳅、宜昌鳅鮀、异鳔鳅鮀、犁头鳅、中华金沙鳅、花斑副沙鳅和双斑副沙鳅等)重要的产卵场和(或)漂流通道,保持保护区与三峡库区之间的畅通无阻对于长江上游鱼类资源的增殖与保护具有重要的意义。

赤水河是长江上游珍稀特有鱼类国家级自然保护区的重要组成部分,既与保护区干流紧密联系,又相对独立。目前,赤水河干流尚未修建水电工程,仍然维持着自然的河流状态。赤水河充足的流程、丰沛的水量和自然的水文节律为鱼类,特别是产漂流性卵鱼类,提供了良好的繁殖条件。本章基于2007~2019年赤水河赤水市江段鱼类早期资源调查数据,对通过该江段的鱼类早期资源的种类组成、繁殖活动的昼夜规律和季节规律及其与环境因子的关系进行研究,以期探讨不同鱼类繁殖策略分化和繁殖需求,为相关保护措施的制定提供科学依据。

5.1 种类组成

2007~2019年春季和秋季渔获物调查期间,对赤水河不同江段的受精卵、仔稚鱼和幼鱼进行采集。此外,每年3~8月鱼类主要繁殖期,在赤水市江段设立早期资源定点调查样点,对赤水河产漂流性卵鱼类的繁殖活动进行连续调查。采样点位于赤水市东门码头1个趸船旁(28°35.645′N,105°41.832′E),距离右岸约20 m。采样网具主要为圆锥网(网目为0.5 mm、网长为2.0 m、网口面积为0.2 m²),并辅以手抄网。常规采样一日两次,采集时间为08:00~09:00和18:00~19:00,每次持续时间视水体浑浊度而定,一般为10~30 min。此外,在鱼类产卵高峰期进行昼夜连续采样和断面采集。昼夜连续采样在日常采样点上进行,采样间隔时间为3 h,共进行9个时间点的采集(当日21:00、次日

00：00、03：00、06：00、09：00、12：00、15：00、18：00和21：00），每次采集20 min；断面采集点设置在日常采样点所处的断面上，按照河宽平均设置5个采样点，离右岸距离分别为20 m、40 m、60 m、80 m和100 m（河宽为120 m），每个采样点采集表层、中层和底层3个样本，每次采集时间为10 min。

采样时，使用重庆水文仪器厂生产的LS45A旋桨式流速仪测量网口流速以计算滤水量，水银温度计测量气温和水温，萨氏盘测量水体透明度，并通过查询全国水雨情信息网（http：//xxfb.mwr.cn/，[2024-10-20]）获取水位和流量数据。将采集到的卵苗带回室内，在体式解剖镜下依据卵膜颜色、卵膜性质、卵径和肌节等特征对其进行种类鉴定（曹文宣等，2007）。对于不能及时鉴定的种类则培养至能够鉴定为止。鉴定后的卵苗用5%福尔马林固定，以供复核。

调查期间，赤水河流域共采集到鱼类早期资源129种。其中，长江上游特有鱼类的早期资源有四川华鳊、高体近红鲌、汪氏近红鲌、黑尾近红鲌、张氏䖳、半䖳、厚颌鲂、嘉陵颌须鮈、裸腹片唇鮈、钝吻棒花鱼、短身鳅鮀、峨眉鱊、金沙鲈鲤、宽口光唇鱼、四川白甲鱼、胡氏华鲮、长江孟加拉鲮、宽唇华缨鱼、条纹异黔鲮、四川裂腹鱼、长丝裂腹鱼、昆明裂腹鱼、古蔺裂腹鱼、岩原鲤、短体副鳅、乌江副鳅、宽体沙鳅、双斑副沙鳅、长薄鳅、小眼薄鳅、中华金沙鳅、短身金沙鳅、侧沟爬岩鳅、西昌华吸鳅、四川华吸鳅、拟缘𫚕、青石爬鮡和刘氏吻虾虎鱼38种。外来鱼类的早期资源有尖头大吻鳞、董氏须鳅和食蚊鱼3种。

从受精卵的卵膜性质来看，赤水河鱼类可以分为产沉黏性卵、产漂流性卵、产浮性卵和卵胎生4种类型。其中，产沉黏性卵鱼类物种数量最多，有102种，占采集早期资源物种数量的79%；其次为产漂流性卵鱼类，有草鱼、赤眼鳟、寡鳞飘鱼、贝氏䖳、似鳊、鲢、银鮈、短身鳅鮀、宜昌鳅鮀、中华沙鳅、宽体沙鳅、花斑副沙鳅、双斑副沙鳅、长薄鳅、小眼薄鳅、紫薄鳅、犁头鳅、中华金沙鳅和短身金沙鳅19种；再次为产浮性卵鱼类，有大眼鳜、斑鳜、鳜、圆尾斗鱼、叉尾斗鱼、乌鳢和黄鳝7种；卵胎生鱼类仅1种，即食蚊鱼（表5.1）。

表5.1　2007～2019年赤水河野外调查中采集到的鱼类早期资源

种类	源头	上游	中游	下游	卵膜性质
宽鳍鱲	+	+	+	+	沉黏性
马口鱼	+	+	+	+	沉黏性
尖头大吻鳞*		+			沉黏性
草鱼					漂流性
赤眼鳟				+	漂流性
寡鳞飘鱼				+	漂流性
飘鱼			+	+	沉黏性
四川华鳊★				+	沉黏性
大眼华鳊				+	沉黏性

续表

种类	源头	上游	中游	下游	卵膜性质
高体近红鲌★			+	+	沉黏性
汪氏近红鲌★				+	沉黏性
黑尾近红鲌★				+	沉黏性
半鳘★		+	+	+	沉黏性
鳘				+	沉黏性
张氏鳘★				+	沉黏性
贝氏鳘				+	漂流性
红鳍原鲌				+	沉黏性
翘嘴鲌			+	+	沉黏性
蒙古鲌			+	+	沉黏性
厚颌鲂★				+	沉黏性
银鲴				+	沉黏性
黄尾鲴				+	沉黏性
细鳞鲴				+	沉黏性
圆吻鲴				+	沉黏性
似鳊				+	漂流性
鲢				+	漂流性
花𫚕		+	+	+	沉黏性
唇𫚕		+	+	+	沉黏性
麦穗鱼	+	+	+	+	沉黏性
华鳈				+	沉黏性
黑鳍鳈				+	沉黏性
短须颌须鮈			+	+	沉黏性
嘉陵颌须鮈★				+	沉黏性
银鮈		+	+	+	漂流性
吻鮈		+	+	+	沉黏性
裸腹片唇鮈★		+	+	+	沉黏性
棒花鱼		+	+	+	沉黏性
钝吻棒花鱼★				+	沉黏性
乐山小鳔鮈		+	+	+	沉黏性
细尾蛇鮈				+	沉黏性
蛇鮈		+	+	+	沉黏性
长蛇鮈				+	沉黏性

续表

种类	源头	上游	中游	下游	卵膜性质
斑点蛇鮈		+	+	+	沉黏性
光唇蛇鮈				+	沉黏性
短身鳅鮀★		+			漂流性
宜昌鳅鮀		+	+	+	漂流性
中华鳑鲏			+	+	沉黏性
高体鳑鲏			+		沉黏性
越南鱊				+	沉黏性
无须鱊				+	沉黏性
兴凯鱊				+	沉黏性
大鳍鱊				+	沉黏性
峨眉鱊★				+	沉黏性
短须鱊				+	沉黏性
中华倒刺鲃	+	+	+		沉黏性
金沙鲈鲤★	+	+			沉黏性
宽口光唇鱼★		+	+		沉黏性
云南光唇鱼	+	+			沉黏性
白甲鱼	+	+	+	+	沉黏性
四川白甲鱼★	+				沉黏性
瓣结鱼				+	沉黏性
胡氏华鲮★				+	沉黏性
长江孟加拉鲮★		+	+	+	沉黏性
泉水鱼	+	+			沉黏性
宽唇华缨鱼★	+	+	+		沉黏性
墨头鱼	+	+			沉黏性
条纹异黔鲮★		+	+		沉黏性
昆明裂腹鱼★	+	+			沉黏性
长丝裂腹鱼★	+				沉黏性
四川裂腹鱼★	+				沉黏性
古蔺裂腹鱼★		+			沉黏性
岩原鲤★		+	+	+	沉黏性
鲤		+	+	+	沉黏性
鲫		+	+	+	沉黏性
董氏须鳅*		+			沉黏性

续表

种类	源头	上游	中游	下游	卵膜性质
红尾副鳅	+	+	+	+	沉黏性
短体副鳅★		+	+	+	沉黏性
乌江副鳅★		+	+	+	沉黏性
高原鳅 spp.	+				沉黏性
中华沙鳅		+	+	+	漂流性
宽体沙鳅★		+	+	+	漂流性
花斑副沙鳅		+	+	+	漂流性
双斑副沙鳅★			+	+	漂流性
长薄鳅★		+	+		漂流性
小眼薄鳅★			+		漂流性
紫薄鳅			+	+	漂流性
中华花鳅				+	沉黏性
泥鳅	+	+	+	+	沉黏性
大鳞副泥鳅				+	沉黏性
犁头鳅		+	+	+	漂流性
中华金沙鳅★		+	+	+	漂流性
短身金沙鳅★		+	+	+	漂流性
侧沟爬岩鳅★	+				沉黏性
西昌华吸鳅★	+	+			沉黏性
四川华吸鳅★		+	+	+	沉黏性
峨眉后平鳅				+	沉黏性
黄颡鱼			+	+	沉黏性
长须黄颡鱼				+	沉黏性
瓦氏黄颡鱼		+	+	+	沉黏性
光泽黄颡鱼		+	+	+	沉黏性
长吻鮠			+	+	沉黏性
粗唇鮠		+	+	+	沉黏性
乌苏拟鲿		+			沉黏性
切尾拟鲿	+	+	+	+	沉黏性
凹尾拟鲿			+	+	沉黏性
细体拟鲿		+	+	+	沉黏性
大鳍鳠		+	+	+	沉黏性
鮎		+	+	+	沉黏性

续表

种类	源头	上游	中游	下游	卵膜性质
大口鲇			+	+	沉黏性
白缘䱀		+	+		沉黏性
黑尾䱀				+	沉黏性
拟缘䱀★		+	+	+	沉黏性
中华纹胸鮡	+	+	+		沉黏性
青石爬鮡★	+				沉黏性
食蚊鱼*			+	+	卵胎生
青鳉			+	+	沉黏性
大眼鳜		+	+	+	浮性
斑鳜		+	+	+	浮性
鳜		+	+	+	浮性
小黄黝鱼				+	沉黏性
河川沙塘鳢				+	沉黏性
刘氏吻虾虎鱼★				+	沉黏性
波氏吻虾虎鱼			+		沉黏性
粘皮栉虾虎鱼★				+	沉黏性
子陵吻虾虎鱼		+	+		沉黏性
圆尾斗鱼				+	浮性
叉尾斗鱼					浮性
乌鳢			+	+	浮性
黄鳝			+	+	浮性

注："★"表示长江上游特有鱼类；"*"表示外来鱼类；"+"表示有分布

5.2 繁殖高峰

根据历年早期资源采集情况可知，赤水河流域鱼类的繁殖活动开始于2~3月，但是由于该季节繁殖的鱼类大部分产沉黏性卵，赤水市江段鱼卵的漂流密度相对较低；5月底，随着产漂流性卵鱼类陆续加入繁殖行列，卵苗漂流密度明显增加，在6月中下旬到7月中下旬达到高峰，该繁殖高峰可以一直持续到7月中下旬甚至8月上旬（图5.1）。

产沉黏性卵鱼类中，裂腹鱼类、墨头鱼和宽唇华缨鱼等2~3月即开始繁殖，蛇鮈和唇鲴等鮈亚科种类的繁殖活动集中在4月下旬至5月下旬，繁殖高峰为4月下旬；鲇形目种类，如瓦氏黄颡鱼、切尾拟鲿、大鳍鳠和鲇的繁殖活动集中在5月中下旬至6月上旬，繁殖高峰为5月底至6月初。

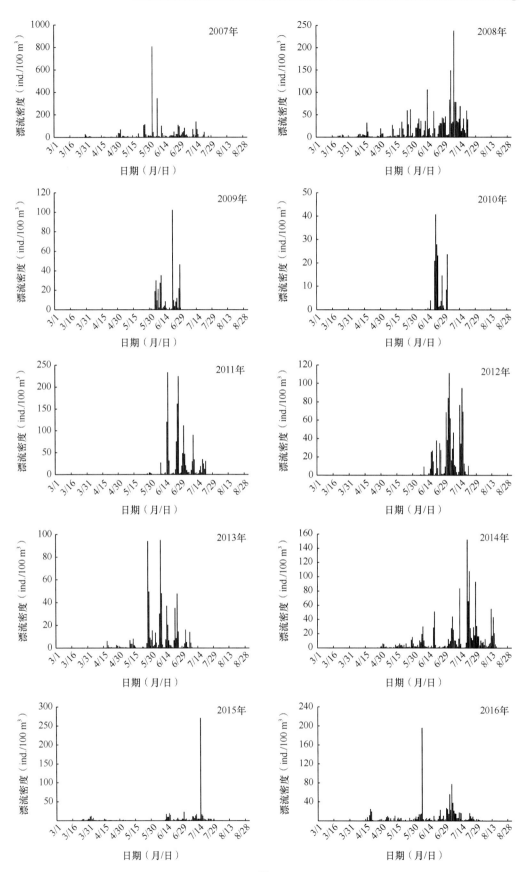

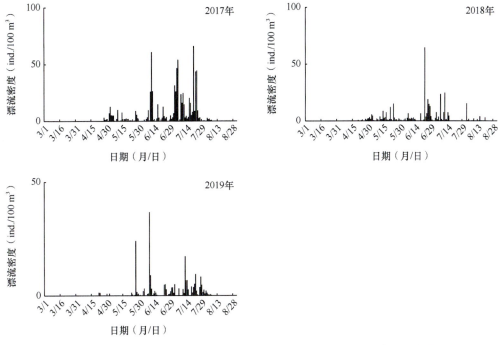

图 5.1 2007～2019 年赤水河赤水市断面鱼类早期资源漂流密度日变化

产漂流性卵鱼类中，银鮈的繁殖期最长，从 4 月中旬至 8 月上旬均可以采集到它们的受精卵，其间经历了数个繁殖高峰，其中以 6 月初至 7 月初的繁殖规模最大。犁头鳅、中华金沙鳅、短身金沙鳅、四川华吸鳅、长薄鳅、紫薄鳅、小眼薄鳅、中华沙鳅、双斑副沙鳅和花斑副沙鳅的繁殖活动开始于 5 月下旬，一直持续到 8 月上旬，其中 6 月上旬到 7 月下旬为繁殖高峰期。

5.3 繁殖活动昼夜变化

2011 年和 2012 年在赤水河赤水市江段共进行了 7 d 的鱼早期资源昼夜连续采样，在此期间共采集鱼卵 9099 ind.。其中，2011 年 6 月 15～16 日采集鱼卵数最多，达 3903 ind.；其后依次为 2011 年 6 月 25～26 日（2089 ind.）和 2011 年 7 月 10～11 日（1030 ind.），其他 4 个昼夜采集鱼卵相对较少。从种类组成上看，2011 年 6 月 15～16 日采集到的鱼卵以银鮈为主，其次为四川华吸鳅、宜昌鳅鮀和鳜；2011 年 6 月 25～26 日采集到的鱼卵以鳅科和平鳍鳅科为主，其次为银鮈、宜昌鳅鮀、寡鳞飘鱼和四川华吸鳅；2011 年 7 月 10～11 日采集到的鱼卵以银鮈卵为主，其次为四川华吸鳅、宜昌鳅鮀和鳜；2012 年 6 月 24～25 日采集到的鱼卵以平鳍鳅科种类为主，其次为鳅科、银鮈和宜昌鳅鮀；2012 年 7 月 13～16 日采集到的鱼卵均以鳅科和平鳍鳅科为主（表 5.2）。

表 5.2 2011～2012 年在赤水河赤水市江段昼夜连续采样所采集的鱼卵数（ind.）

时间	2011 年			2012 年			
	6月15～16	6月25～26日	7月10～11日	6月24～25日	7月13～14日	7月14～15日	7月15～16日
21：00	1100	344	307	124	2	22	162
0：00	795	151	106	32	1	10	72
3：00	568	210	97	44	3	11	50
6：00	460	272	88	38	2	9	92
9：00	355	366	43	29	9	47	100
12：00	107	202	46	73	34	73	95
15：00	21	180	17	80	31	122	62
18：00	12	148	14	69	51	217	36
21：00	485	216	312	33	22	162	58
总和	3903	2089	1030	522	155	673	727

　　银鮈、宜昌鳅鮀、犁头鳅、四川华吸鳅、长薄鳅、中华沙鳅、紫薄鳅和花斑副沙鳅这8 种鱼类的卵粒至少在 3 个昼夜出现，并且数量较多，因而对它们漂流密度的昼夜差异进行了分析，而鳜和寡鳞飘鱼由于仅在个别昼夜出现和卵粒数量较少未纳入进一步的分析。曼 - 惠特尼 U 检验显示，银鮈、宜昌鳅鮀、犁头鳅、四川华吸鳅、紫薄鳅、花斑副沙鳅这6 种鱼类的鱼卵均表现出明显的昼夜差异（$P < 0.05$）。

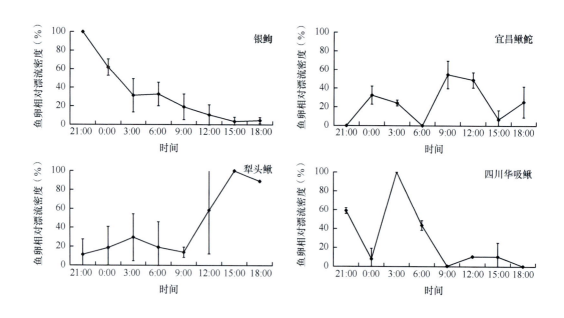

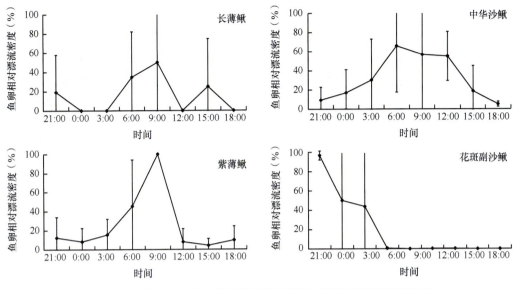

图5.2 赤水河赤水市江段不同种类鱼卵相对漂流密度的昼夜变化

　　根据赤水河赤水市江段采集鱼卵所处发育期及其孵化水温对主要种类的昼夜繁殖规律进行了分析。结果显示，银鮈、宜昌鳅鮀、长薄鳅、紫薄鳅、中华沙鳅和花斑副沙鳅的繁殖活动主要集中在白天时段，尤以11：00～17：00最为活跃；而犁头鳅和四川华吸鳅的繁殖活动主要发生在夜间时段，繁殖高峰为午夜前后（23：00～3：00）（图5.3）。

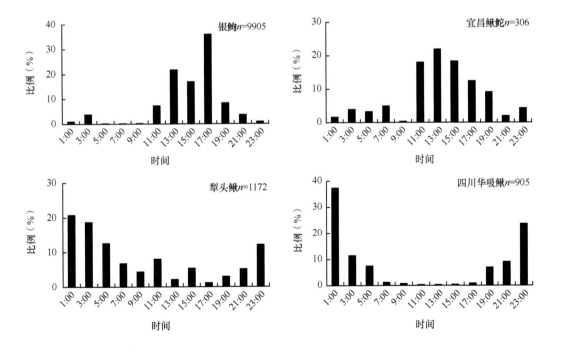

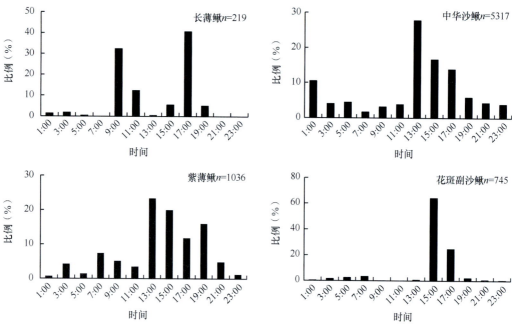

图 5.3　赤水河赤水市江段鱼类繁殖时间的昼夜变化

5.4　繁殖水文需求

为探讨鱼类繁殖水文需求，应用束缚型排序分析对 2015 年和 2016 年赤水河产漂流性卵鱼类的繁殖活动与环境因子之间的关系进行分析。由于鱼卵距离产出的时间越短，越能体现其繁殖所需的环境条件，并且数量较仔稚鱼明显要多，因此本分析仅针对鱼卵进行。将水温等环境因子的逐日变化数据作为环境数据源，将鱼卵漂流密度 [单位：ind./（100 m³）] 的逐日变化数据作为物种数据源，由此构成环境因子与物种矩阵。对物种数据的除趋势对应分析（DCA）表明，非线性模型更适合本研究，因此采用典型对应分析。对环境数据进行 lg（x+1）转化，剔除波动因子大于 20 的环境因子，并在分析中降低稀有种的权重。利用蒙特卡罗检验（999 迭代，$P < 0.05$）筛选出具有重要且独立作用的最少变量组合，用于最终的典型对应分析。数据分析和排序图输出采用 Canoco for Windows 4.5 软件（Ter Braak and Smilauer，2002）。

2015 年和 2016 年调查期间，赤水河赤水市江段的平均气温分别为 23.5℃和 26.2℃，平均水温分别为 21.6℃和 22.3℃，平均水位分别为 223.0 m 和 223.6 m，平均流量分别为 252.5 m³/s 和 442.6 m³/s，平均透明度分别为 55.7 cm 和 29.7 cm，平均电导率分别为 314.7 μS/cm 和 322.8 μS/cm，平均溶氧量分别为 8.0 mg/L 和 7.3 mg/L，平均 pH 均为 8.6 和 8.6。相较而言，2016 年的平均流量比 2015 年明显偏大，平均透明度则表现出相反的趋势，其他指标年际差异不大（表 5.3）。

表5.3 2015年和2016年赤水河赤水市江段鱼类早期资源调查期间的相关环境数据

环境因子	最小值		最大值		平均值 ± 标准差	
	2015 年	2016 年	2015 年	2016 年	2015 年	2016 年
气温（℃）	14.2	16.8	34.1	35.1	23.5±3.9	26.2±4.9
水温（℃）	16.7	17.1	27.5	28.3	21.6±2.5	22.3±2.9
水位（m）	222.0	222.5	225.2	229.5	223.0±0.7	223.6±1.1
流量（m³/s）	50	117	1020	3940	252.5±180.0	442.6±455.0
透明度（cm）	2	1	170	92.5	55.7±39.0	29.7±22.6
电导率（μS/cm）	183	167	390	369	314.7±45.6	322.8±36.3
溶氧量（mg/L）	6.8	6.6	9.4	10.9	8.0±0.4	7.3±1.2
pH	8.0	8.0	8.9	9.4	8.6±0.2	8.6±0.2

经环境因子初选后，2015年和2016年均保留了流量、水温和透明度这3个影响鱼类繁殖活动的主要环境因子。典型对应分析显示，2015年和2016年1轴和2轴的累计贡献率分别为93.8%和83.0%，坐标轴对鱼类繁殖活动与环境之间的相关关系有较高的解释力（表5.4，表5.5）。

表5.4 2015年赤水河赤水市江段鱼卵漂流密度与环境因子关系的典型对应分析统计描述

统计因子	CCA轴			
	1	2	3	4
特征值	0.708	0.361	0.071	0.609
物种与环境因子相关性	0.928	0.779	0.486	0.000
物种数据累计方差百分比	16.2	24.5	26.1	40.1
物种与环境关系累计方差百分比	62.1	93.8	100.0	0.0

表5.5 2016年赤水河赤水市江段鱼卵漂流密度与环境因子关系的典型对应分析统计描述

CCA 轴	1	2	3	4
特征值	0.435	0.252	0.069	0.055
物种与环境因子相关性	0.856	0.768	0.598	0.479
物种数据累计方差百分比	13.7	21.6	23.8	25.5
物种与环境关系累计方差百分比	52.5	83.0	91.3	97.9

典型对应分析排序（图5.4，图5.5）显示，不同产漂流性卵鱼类的繁殖水文需求差异较大。长薄鳅、紫薄鳅、中华沙鳅、双斑副沙鳅、花斑副沙鳅和犁头鳅等种类的繁殖活动与流量高度正相关，其繁殖活动往往伴随着涨水过程；银鮈的繁殖活动与透明度高度正相关，其繁殖活动通常发生在透明度较高的时段；寡鳞飘鱼的繁殖活动与水温高度正相关，其繁殖活动主要发生在水温较高的时段；宜昌鳅鮀的繁殖活动在不同年份表现不一致，

2015 年与流量呈正相关，而 2016 年与流量关系不大。

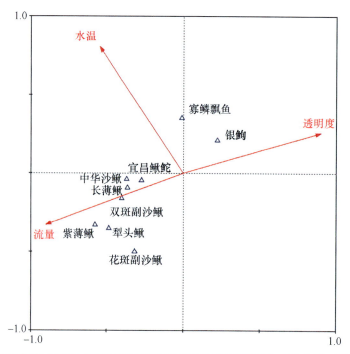

图 5.4　2015 年赤水河赤水市江段鱼卵漂流密度与环境因子关系的典型对应分析排序

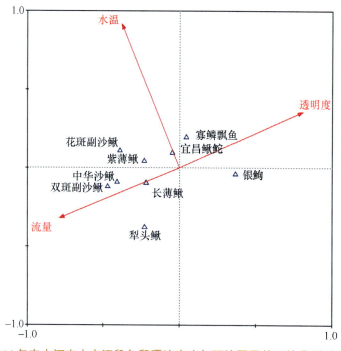

图 5.5　2016 年赤水河赤水市江段鱼卵漂流密度与环境因子关系的典型对应分析排序

5.5 繁 殖 规 模

　　对 2007～2008 年和 2011～2019 年（2009～2010 年采样时间较短，未涵盖整个繁殖期，故未估算繁殖规模）赤水河上中游产漂流性卵鱼类的繁殖规模进行了推算，结果显示，调查期间赤水河上中游产漂流性卵鱼类的繁殖规模为 $1.82 \times 10^8 \sim 6.26 \times 10^8$ ind.，年均繁殖规模为 4.18×10^8 ind.。年繁殖规模表现出波动变化的趋势，其中 2015 年、2018 年和 2019 年繁殖规模相对较低，可能与这些年份赤水河水温持续偏低，且适逢枯水年有关（图 5.6）。调查结果表明，在赤水河产卵繁殖的产漂流性卵鱼类基本上是一些小型鱼类，如寡鳞飘鱼、银鮈、宜昌鳅鮀、中华沙鳅、花斑副沙鳅、双斑副沙鳅和紫薄鳅等。这些小型鱼类不是主要的渔业捕捞对象，它们的种群规模与捕捞压力的关系不大，其繁殖活动更多地受水温和涨水过程等水文因素的影响。2015 年、2018 年和 2019 年调查期间，赤水河水温较其他年份整体偏低，并且有效涨水次数较少，从而造成这些鱼类的繁殖规模降低。

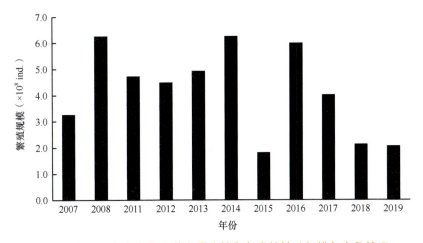

图 5.6　赤水河赤水市中上游产漂流性卵鱼类的繁殖规模年变化情况

5.6 产卵场分布

1）产沉黏性卵鱼类的产卵场

　　高体近红鲌、黑尾近红鲌、半䰾、张氏䱗、厚颌鲂、宽口光唇鱼和岩原鲤等产沉黏性卵特有鱼类的受精卵通常黏附在水草和岩石等基质上完成胚胎发育过程，依靠被动的早期资源采集工具很难采集到它们的受精卵。但是根据亲鱼的性腺发育情况、仔稚鱼采集情况以及渔民反馈的信息，赤水河中下游应该广泛分布有这些产沉黏性卵特有鱼类的产卵场。而赤水河源头及上游江段广泛分布有昆明裂腹鱼、金沙鲈鲤、青石爬鮡和西昌华吸鳅等产沉黏性卵特有鱼类的产卵场。

2）产漂流性卵鱼类的产卵场

根据 2013～2015 年赤水河赤水市断面采集鱼卵所处的发育期以及江水流速对产漂流性卵鱼类的产卵场进行了推算（表 5.6），结果显示，在赤水市断面上游 200 余千米广泛分布着产漂流性卵鱼类的产卵场，其中 2013 年和 2014 年主要集中在赤水市、复兴镇、丙安镇、葫市镇、元厚镇、土城镇和太平镇，2015 年主要集中在葫市镇、元厚镇和茅台镇附近。具体来讲，银鮈和鳜的产卵场主要集中在赤水市附近；副沙鳅属鱼类产卵场主要分布于土城镇以下江段，其中以赤水市、复兴镇和丙安镇 3 个产卵场最大，而薄鳅属、沙鳅属、犁头鳅属和金沙鳅属鱼类的产卵场分布相对较广，最远可到赤水镇附近，复兴镇至太平镇江段为其主要产卵场。

表 5.6　2013～2015 年赤水河产漂流性卵鱼类的产卵场及不同产卵场的繁殖规模与比例

产卵场名称	2013 年		2014 年		2015 年	
	规模（×10⁷ ind.）	比例（%）	规模（×10⁷ ind.）	比例（%）	规模（×10⁷ ind.）	比例（%）
赤水市	6.52	13.72	9.65	15.49	0.78	4.27
复兴镇	6.42	13.51	10.45	16.77	0.98	5.37
丙安镇	5.86	12.33	7.36	11.81	0.67	3.67
葫市镇	6.40	13.47	6.54	10.50	1.23	6.74
元厚镇	5.00	10.52	6.11	9.81	1.54	8.43
土城镇	9.28	19.53	4.07	6.53	0.52	2.85
太平镇	4.18	8.80	4.71	7.56	0.18	0.99
二郎镇	0.94	1.98	1.42	2.28	0.92	5.04
沙滩乡	1.34	2.82	3.15	5.06	0.04	0.22
合马镇	0.32	0.67	0.69	1.11	0.85	4.65
二合镇	0.70	1.47	1.42	2.28	0.11	0.60
茅台镇	0.22	0.46	3.08	4.94	9.79	53.61
九仓镇	0.07	0.15	1.12	1.80	0.07	0.38
清池镇	0.21	0.44	1.46	2.34	0.54	2.96
田坎乡	0.06	0.13	0.84	1.35	—	—
赤水镇	—	—	0.23	0.37	0.04	0.22

"—"表示无数据

5.7 分析与讨论

5.7.1 种类组成

2007～2019 年调查期间，在赤水河流域共采集到 129 种鱼类的早期资源，表明绝大部分在赤水河分布的鱼类均可以在赤水河完成其整个生活史过程。与此同时，部分在渔获物中出现的种类，如长江鲟、胭脂鱼、铜鱼、圆口铜鱼、长鳍吻鮈、圆筒吻鮈、鳡、青鱼和鳤等，在早期资源监测中并没有出现，可能与这些鱼类的产卵场主要位于金沙江下游和长江上游干流江段，仅偶尔进入赤水河有关。在今后的科研监测中，需要重点关注这些鱼类是否能够在赤水河完成其繁殖过程。

值得注意的是，赤水河充足的流程、丰沛的水量以及自然的水文节律为产漂流性卵鱼类提供了良好的繁殖条件。本研究调查表明，目前至少有草鱼、赤眼鳟、寡鳞飘鱼、贝氏䱗、似鳊、鲢、银鮈、短身鳅鮀、宜昌鳅鮀、中华沙鳅、宽体沙鳅、花斑副沙鳅、双斑副沙鳅、长薄鳅、小眼薄鳅、紫薄鳅、犁头鳅、中华金沙鳅和短身金沙鳅等 19 种产漂流性卵鱼类能够在赤水河完成其繁殖过程。随着金沙江中下游以及雅砻江干流下游水电梯级开发的相继实施，长江上游珍稀特有鱼类国家级自然保护区干流江段的水文情势和水温条件将发生显著改变，其叠加效应将严重影响保护区干流鱼类的生长与繁殖，赤水河作为长江上游特有鱼类栖息地和繁殖场所的作用将显得愈加重要。铜鱼、圆口铜鱼、长鳍吻鮈和圆筒吻鮈等主要在金沙江下游和长江上游干流江段产漂流性卵鱼类目前虽然在赤水河尚未发现有繁殖活动，但是金沙江下游和保护区干流与它们利用同一产卵场的长薄鳅、犁头鳅和中华金沙鳅等产漂流性卵鱼类可以在赤水河完成整个生活史过程，并且维持有较大的繁殖规模，这暗示着赤水河可能能够为圆口铜鱼和长鳍吻鮈等受金沙江下游水电开发不利影响的产漂流性卵特有鱼类提供理想的栖息地和繁殖场所。在保护区干流种群受到威胁的情况下，可以尝试将这些种类的野生亲本引入赤水河，开展种群重建试验。

5.7.2 昼夜漂流特征

早期生活史阶段的顺水漂流发育是河流型鱼类重要的种群扩散策略（Peňáz et al.，1992）。不同栖息地之间的迁移可以满足鱼类个体发育不同阶段的生理、生态需求，进而提高其成活率和生长速度，使种群适合度最大化（Jonsson，1991）。研究表明，鱼卵和仔稚鱼通常在晚上表现出较高的漂流密度（Brown and Armstrong，1985；Gadomski and Barfoot，1998；Baumgartner et al.，2004；Zitek et al.，2004；Humphries，2005；Tonkin et al.，2007；Esteves and Andrade，2008；李世健等，2011；黎明政等，2011）。光照强度的昼夜变化被认为是造成该现象的主要原因之一（Reichard et al.，2002）。白天光线强，一些具有主动游泳能力的仔鱼为避免紫外线伤害而潜入水体下层，另外一些种类则由于光线较好能够及时发现网具而成功逃离（Gadomski and Barfoot，1998）；而晚上光照条件差，很多仔鱼由于不能准确辨认方向而误入网具。一般认为，夜间漂行可以有效减小受精卵或仔稚鱼被一些依靠视觉器官摄食的鱼类捕食的风险，从而提高后代的成活率（Helfman，1993）。然而，也有一些研究表明，很多鱼类的仔鱼漂流密度没有显著的昼夜差异，他们认为很多调查所显示的昼夜变化只是仔稚鱼垂直迁移的结果（Muth and Schmulbach，1984）。

本研究中昼夜漂流特征分析所选取的对象为鱼卵，并不具备主动游泳能力，造成其漂流密度存在昼夜差异的主要原因是不同鱼类具有不同的昼夜繁殖习性（Baumgartner et al.，2004）。根据受精卵的胚胎发育情况可以推断，银鮈、宜昌鳅鮀、长薄鳅、紫薄鳅、中华沙鳅和花斑副沙鳅等繁殖活动集中在白天，而犁头鳅和四川华吸鳅的繁殖活动主要在夜间进行。中华沙鳅和长薄鳅的繁殖活动虽然也表现出一定的昼夜差异，但是它们的漂流密度并没有表现出显著的昼夜差异，这可能与它们的产卵场较为分散有关。已有研究表明，赤水河银鮈、宜昌鳅鮀、紫薄鳅、花斑副沙鳅、犁头鳅和四川华吸鳅的产卵场相对较为集中，主要分布在太平镇以下江段，因而它们的受精卵漂流到采样断面的时间比较一致；而中华沙鳅和长薄鳅的产卵场较为分散，从赤水市到赤水镇约 250 km 的江段均分布有它们的产卵场，不同产卵场产出的受精卵漂流至采样断面时间不一致，进而可能造成观察不到明显的漂流密度昼夜差异。

本研究显示，大部分鱼类早期资源的漂流密度表现出显著的昼夜差异，而我们进行早期资源日常采集的时间点均处于漂流密度的低峰期，仅仅依据这两个时间段的采集数据来估算鱼类的产卵规模，极有可能造成低估。鉴于此，有必要在原有估算方法的基础上引进一个昼夜系数，以提高估算值的准确度。

5.7.3　繁殖水文需求

鱼类初次性成熟后，通常在一定的季节进行繁殖，以确保其后代在早期发育阶段能够获得最佳的环境条件，这种特定的繁殖季节是鱼类对环境条件长期适应的结果（殷名称，1995）。赤水河鱼类在繁殖季节方面表现出很大的差异性。鲤、鲫和唇鲴等产沉黏性卵鱼类在 3 月即开始繁殖，此时水温虽然较低，但是水位相对稳定，黏附于河流沿岸水草和石块等基质上的鱼卵不会因为频繁而剧烈的水位变化搁浅而死；4 月初，随着水温逐步升高，银鮈开始大量繁殖，与其他产漂流性卵鱼类不同，银鮈的繁殖活动与流量变化的关系不大，其繁殖高峰往往出现在水体透明度较高的时候，一般半个月左右有一个较大的繁殖高峰，推测光照可能是诱使其产卵的主要因素；鳤的繁殖活动稍落后于银鮈，不同于其他鱼类的集中繁殖，鳤的产卵规模一直较低，但是产卵时间可以从 4 月一直持续到 7 月底，其繁殖活动很大程度上与银鮈保持一致。鳤这种产卵规模持续较低的产卵方式，可以保证其仔鱼有充足的开口饵料，进而提高后代成活率。产漂流性卵鱼类（如犁头鳅、短身金沙鳅、中华沙鳅、紫薄鳅、长薄鳅、花斑副沙鳅和双斑副沙鳅等）对水文条件的要求相对较为严格，其繁殖活动往往伴随着涨水过程。受精卵随水漂流可以为胚胎发育提供充足的氧气，并有效防止敌害捕食（Balon，1975）；同时也有利于个体的散布，增加每个个体获得食物的机会，为种群的生存与发展提供了更广阔的空间（冷永智，1986）。赤水河鱼类的繁殖活动充分体现了对河流环境条件的适应，多样化的繁殖策略也有利于减小种间竞争压力。

本研究表明，尽管同属产漂流性卵鱼类，但是不同种类的繁殖水文需求差异较大，其中长薄鳅和犁头鳅等种类的繁殖活动明显需要涨水过程。一般认为，洪峰过程可以有效刺激鱼类性腺发育及排卵，并且有利于受精卵的漂流扩散（Jonsson，1991；殷名称，1995）。四大家鱼、圆口铜鱼和铜鱼以及本调查采集到的长薄鳅和犁头鳅等沙鳅科和爬鳅科种类均属于此类型。宜昌鳅鮀的繁殖活动在不同年份表现不一致，这种特殊表现可能与不同年份流量存在差异以及宜昌鳅鮀的繁殖活动对流量要求不高有关。作为一种典型的产漂流性卵的小型底栖急流性鱼类，宜昌鳅鮀的繁殖活动需要一定的流水刺激，但是对于流量大小及其变化幅度的要求不像长薄鳅和犁头鳅等种类那样严格，从而导致了2015年枯水年与2016年丰水年的差异表现。与上述产漂流性卵鱼类不同，银鮈和寡鳞飘鱼的繁殖活动明显避开洪峰，与透明度或水温呈正相关，其具体的适应机制和生态意义有待进一步的研究。

总体而言，赤水河产漂流性卵鱼类的繁殖水文需求与长江上游干流江段同种鱼类的表现基本一致，表明这些产漂流性卵鱼类对繁殖水文需求的确定性，这对于生态调度、促进鱼类繁殖具有重要意义。

5.7.4 保护建议

赤水河作为目前长江上游唯一的干流仍然维持着自然流态的大型一级支流，是减缓三峡工程和金沙江下游水电梯级开发对珍稀特有鱼类不利影响的重要生境。随着金沙江下游水电梯级开发的逐步实施，金沙江下游和保护区干流的水文情势和水温条件将发生显著改变，其叠加效应将严重影响这些区域鱼类的繁殖活动，特别是产漂流性卵鱼类的繁殖活动。而赤水河由于基本不会受到金沙江下游水电开发的影响，在长江上游特有鱼类保护方面也将发挥越来越重要的作用。尽管如此，赤水河流域目前仍然面临着一系列的生态环境问题，如水电工程建设、水土流失、水污染和非法捕捞等，其中水电工程建设的影响尤其需要引起重视。虽然赤水河干流扎西河口以下江段目前尚未修建大坝，但是其主要支流，如桐梓河、习水河、古蔺河和二道河等，均规划有大量的梯级电站。梯级电站蓄水调控将在一定程度上改变赤水河干流的水文节律，从而影响产漂流性卵鱼类的产卵繁殖。因此，建议严格禁止支流水电开发，并积极探讨拆除已建水电工程从而恢复自然水文节律的可能性。

06

第6章　赤水河鱼类生活史特征

　　鱼类的生活史是指精卵结合直至衰老死亡的整个生命过程（殷名称，1995），而生活史策略是在长期的自然选择过程中所形成的适应性进化（Baltz，1984）。对鱼类的生活史策略进行研究不但可以极大地丰富理论生态学，而且对于探讨鱼类群落的构建机制、合理预测自然灾害或人为干扰对鱼类群落的影响、实现鱼类资源的可持续利用等均具有重要的指导意义（Balon，1975；Winemiller，1989，2005；Winemiller and Rose，1992；King and Mcfarlane，2003）。

　　淡水鱼类是地球上物种多样性最高的脊椎动物类群之一，目前全世界已知分布有淡水鱼类 13 000 余种（Lévêque et al.，2008）。这些鱼类在形态特征、行为和生活史等方面同样表现出极高的多样性，导致淡水鱼类物种多样性和功能多样性如此丰富的主要原因在于河流、湖泊和湿地的岛屿式分布，而陆地的隔离作用有效地阻止了这些岛屿之间鱼类的交流，使得它们在不同的环境压力下独立进化（Darlington，1948；Berra，2007；Hugueny et al.，2010）。

　　淡水鱼类生活史特征的多样性一直是鱼类生态学研究的热点。Kryzhanovsky（1949）、Breder 和 Rosen（1966）和 Balon（1975）依据鱼类的繁殖行为和产卵基质等对鱼类繁殖生态类群及其演变过程进行了描述。Wootton（1984）综合性成熟大小、繁殖力、卵径等 5 个繁殖生物学参数对加拿大淡水鱼类的繁殖策略和繁殖类型进行了归纳。此外，*r-K* 生活史理论（Pianka，1970）也被广泛应用于鱼类生活史策略研究，并在鱼类种群管理方面发挥着重要作用（Adams，1980；叶富良，1988；罗秉征，1992；刁晓明等，1995；叶富良和陈刚，1998）。然而，Kawasaki（1980，1983）认为，鱼类生活史策略的划分应与针对陆生动物生活史特征提出来的 *r-K* 连续统模型有所不同，并建议增加一个中间策略者类型，这些中间策略者由于具有生命周期长、体型大、性成熟早等特点而区别于 *r-K* 生活史理论中的 *r* 策略者（生命周期短、体型小、性成熟早和繁殖力高）和 *K* 策略者（生命周期长、体型大、性成熟晚和繁殖力低）。Baltz（1984）和 Winemiller（1989）随后也提出了相似的三维连续统观点。Winemiller 和 Rose（1992）在这些工作的基础上进行了进一步的分析和总结，最终提出了以机会策略者（opportunistic strategist）、周期策略者（period strategist）和均衡策略者（equilibrium strategist）这 3 种典型生活史类型为基础的三维连续统模型。机会策略者体型小、性成熟早和后代成活率低；周期策略者体型大、性成熟晚、繁殖力高、后代成活率低；均衡策略者体型中等或偏小、繁殖力低，通常表现出亲本护幼行为且后代成活率高。不同生活史类型的鱼类适应于不同的生活环境，并且对环境变化的响应机制也不一致。

　　本研究基于鱼类生活史参数对赤水河常见鱼类的生活史策略进行研究，以期为了解赤水河鱼类群落组织以及鱼类资源的保护提供科学依据。

6.1　生活史参数之间的关系

　　根据赤水河历年野外渔获物调查和生物学解剖数据，对鱼类的生活史参数进行整理和分析。对于数据缺乏的种类，其生活史参数则通过查询相关文献资料或根据文献中的数据计算获得（黎明政，2012）。为消除地域差异对鱼类生活史参数的影响，一般优先参考长江上游或长江流域的相关数据；如果某一物种的生活史参数同时被多篇文献记载，取用其平均值。

最终选取极限体长、初次性成熟体长、初次性成熟年龄、极限年龄、绝对繁殖力、体重相对繁殖力、卵径、产卵类型和亲本护幼指数共 9 个鱼类生活史参数，各参数的定义如下。

（1）极限体长（L_∞，单位：mm）——取用冯·贝塔郎菲生长方程中的渐近体长；若缺，则采用文献资料中该物种的最大体长。

（2）初次性成熟体长（L_m，单位：mm）——种群中 50% 雌性个体达到性成熟的体长。

（3）初次性成熟年龄（T_m，单位：龄）——种群中 50% 雌性个体达到性成熟的年龄。

（4）极限年龄（T_{max}，单位：龄）——根据 $T_{max}=3/k+t_0$ 计算，k 和 t_0 分别为冯·贝塔郎菲生长方程中的生长系数和起始生长年龄（费鸿年和何宝全，1983）；如某一物种无冯·贝塔郎菲生长方程的相关报道，则采用文献资料中该物种的最大年龄。

（5）绝对繁殖力（F，单位：ind.）——种群中雌性成熟个体的平均怀卵量。

（6）体重相对繁殖力（F_w，单位：ind./g）——种群中雌性成熟个体单位体重的平均怀卵量。

（7）卵径（OD，单位：mm）——成熟卵巢中卵母细胞的平均直径。

（8）产卵类型（ST）——单批产卵类型以 0 表示，分批或连续产卵类型以 1 表示。

（9）亲本护幼指数（PI）——参照 Winemiller（1989）的方法，亲本护幼投入包括 3 个方面：①受精卵或仔鱼的发育场所；②受精卵或仔鱼的亲本保护；③仔鱼营养来源。因此，亲本护幼指数的计算公式为 $P=\sum x_i$，其中 $i=1$，2，3，即亲本护幼投入的 3 个方面，其赋值见表 6.1。

表 6.1　亲本护幼投入的赋值方法（Winemiller，1989）

亲本护幼投入	特点	分值
受精卵或仔鱼的发育场所	无固定发育场所	0
	受精卵产在特定的生境	1
	受精卵和仔鱼均在巢穴中发育	2
受精卵或仔鱼的亲本保护	无亲本保护	0
	一方亲本较短时间的保护（<1 个月）	1
	一方亲本较长时间的保护（>1 个月）或双亲较短时间的保护（<1 个月）	2
	双亲较长时间的保护（>1 个月）	4
仔鱼营养来源	除卵黄外无额外的营养供应	0
	母体短时间的营养供应（<1 个月）	2
	母体 1～2 个月的营养供应	4
	母体较长时间的营养供应（>2 个月）	8

本研究共搜集和整理出 97 种鱼类的生活史参数，这些参数表现出极大的种间差异（表 6.2）。极限体长变动范围为 40 mm（食蚊鱼和青鳉）至 7000 mm（白鲟）；初次性成熟体长变动范围为 18 mm（粘皮栉虾虎鱼）至 1802 mm（白鲟）；初次性成熟年龄变动范围为 0.2 龄（食蚊鱼）至 7.0 龄（长江鲟、白鲟和胭脂鱼）；极限年龄变动范围为 1 龄（太湖新银鱼）至 42 龄（昆明裂腹鱼、四川裂腹鱼和大鳍鳠）；绝对繁殖力变动范围为 70 粒（白缘鮬、食蚊鱼和青鳉）至 3 121 700 粒（青鱼）；体重相对繁殖力变动范围为 3.5 ind./g（白鲟）至 3265.0 ind./g（粘皮栉虾虎鱼）；卵径变动范围为 0.60 mm（太湖新银鱼）至 3.80 mm（墨头鱼）；长江鲟和白鲟等 55 种鱼类为单批产卵类型，而宽鳍鱲和马口鱼等 42 种鱼类为分批产卵类型；青鱼和草鱼等 28 种产漂流性卵鱼类的亲本护幼指数为 0，而卵胎生鱼类食蚊鱼的亲本护幼指数最高，为 6。

表 6.2　97 种鱼类的生活史参数的统计值

生活史参数	最小值	最大值	平均值
L_∞（mm）	40	7 000	505.64±762.59
L_m（mm）	18	1 802	204.24±247.44
T_m（龄）	0.2	7.0	2.15±1.36
T_{max}（龄）	1	42	11.10±9.33
F（ind.）	70	3 121 700	130 151.36±433 592.86
F_w（ind./g）	3.5	3 265.0	235.82±446.82
OD（mm）	0.60	3.80	1.53±0.68
ST	0	1	0.43±0.50
PI	0	6	1.19±1.18

采用皮尔逊（Pearson）相关分析对不同生活史参数之间的关系进行分析。结果显示（表 6.3），极限体长与极限年龄，初次性成熟体长与极限体长和极限年龄，初次性成熟年龄与极限体长和极限年龄，初次性成熟体长与初次性成熟年龄，绝对繁殖力与极限体长、极限年龄、初次性成熟体长和初次性成熟年龄，卵径与极限体长、极限年龄、初次性成熟体长和初次性成熟年龄，亲本护幼指数与卵径和产卵类型之间呈显著（$P < 0.05$）或极显著（$P < 0.01$）正相关。体重相对繁殖力与极限年龄、初次性成熟体长和初次性成熟年龄，产卵类型与初次性成熟体长、初次性成熟年龄、绝对繁殖力和体重相对繁殖力，亲本护幼指数与初次性成熟体长、初次性成熟年龄、绝对繁殖力，卵径与体重相对繁殖力之间呈显著（$P < 0.05$）或极显著（$P < 0.01$）负相关。而体重相对繁殖力与极限体长和绝对繁殖力，产卵类型与极限体长、极限年龄和卵径，亲本护幼指数与极限体长、极限年龄和体重相对繁殖力，卵径与绝对繁殖力之间不存在显著正相关或显著负相关关系（$P > 0.05$）。

表 6.3　不同生活史参数之间的相关关系

生活史参数	L_∞	L_m	T_m	T_{max}	F	F_w	OD	ST	PI
L_∞	1.000								
L_m	0.916**	1.000							
T_m	0.648**	0.809**	1.000						
T_{max}	0.532**	0.573**	0.749**	1.000					
F	0.450**	0.601**	0.390**	0.225*	1.000				
F_w	−0.167	−0.205*	−0.246**	−0.273**	−0.073	1.000			
OD	0.279**	0.311**	0.368**	0.393**	0.049	−0.376**	1.000		
ST	−0.130	−0.179*	−0.209*	−0.070	−0.176*	−0.199*	0.168	1.000	
PI	−0.110	−0.210*	−0.313**	−0.115	−0.230*	0.160	0.176*	0.253**	1.000

注：** $P < 0.01$；* $P < 0.05$。

6.2 生活史策略分化

采用主成分分析（principal component analysis，PCA）对生活史参数与物种之间的关系进行分析。结果显示，前两个主成分（PC1 和 PC2）共解释了总变异的 73.6%。第一主成分与极限体长、初次性成熟体长、初次性成熟年龄、极限年龄、绝对繁殖力正相关程度较高，反映了从周期策略者（体型大、生命周期长、性成熟晚、绝对繁殖力高）到机会策略者（体型小、生命周期短、性成熟早、绝对繁殖力低）的梯度变化；第二主成分与卵径、产卵类型和亲本护幼指数正相关程度较高，而与体重相对繁殖力呈负相关，反映了从大卵粒、分批繁殖和高护幼指数（均衡策略者）到小卵粒、单批繁殖和低护幼指数（周期策略者和机会策略者）的梯度变化（表 6.4）。

表 6.4　前两个主成分上不同生活史参数的载荷值

生活史参数	PC1	PC2
L_∞	0.934	−0.062
L_m	0.964	−0.071
T_m	0.896	0.038
T_{max}	0.885	0.084
F	0.766	−0.481
F_w	−0.576	−0.691
OD	0.426	0.758
ST	−0.156	0.522
PI	−0.413	0.611

排序图很好地展示了鱼类生活史策略的三维连续统概念（图 6.1），白鲟、长江鲟和胭脂鱼等为典型的周期策略者（体型大、生命周期长、性成熟晚、绝对繁殖力高）；银鮈、贝氏䱗和飘鱼等为典型的机会策略者（体型小、生命周期短、性成熟早、相对繁殖力高）；而食蚊鱼、圆尾斗鱼、鳑鲏类和鳢科种类为典型的均衡策略者（体型小、绝对繁殖力低、亲本护幼投入高）。

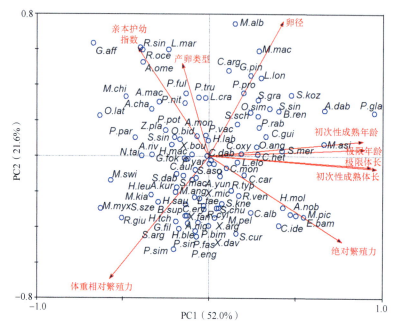

图 6.1　赤水河 97 种鱼类的生活史参数的主成分分析排序图

此图为软件出图，图书拉丁名为简称

采用基于不同生活史参数布雷柯蒂斯（Bray-Curtis）相似性系数的等级聚类方法对鱼类的生活史策略类型进行聚类分析。所有参数在进行多元分析之前均进行正态性检验并进行对数或者平方根转换。

聚类分析显示，在 80% 的相似性水平上，可以将 97 种鱼类按生活史策略划分为 3 种类型，分别为周期策略者、机会策略者和均衡策略者（图 6.2）。

周期策略者占 25.8%，包括鲟形目的两个种类及鲤形目（雅罗鱼亚科、鲌亚科、鲢亚科、鮈亚科、鲃亚科、野鲮亚科、裂腹鱼亚科、鲤亚科、鳅科和亚口鱼科）、鲇形目（鲇科）和鲈形目（鮨科）的部分种类，共 25 种。

机会策略者占 49.5%，包括鲤形目（鮈亚科、鲌亚科、鮈亚科、鲃亚科、鲤亚科、鳅科、平鳍鳅科）的大部分种类，还有鲇形目（鲇科）、胡瓜鱼目（银鱼科）和鲈形目（鮨科）的部分种类，共 48 种。

均衡策略者占 24.7%，包括鳉形目、合鳃鱼目和鲤形目鳠亚科的所有种类及鲈形目（虾虎鱼科、斗鱼科、塘鳢科和鳢科）、鲇形目（鳠科、鮡科和钝头鮠科）和鲤形目鮈亚科的部分种类，共 24 种。

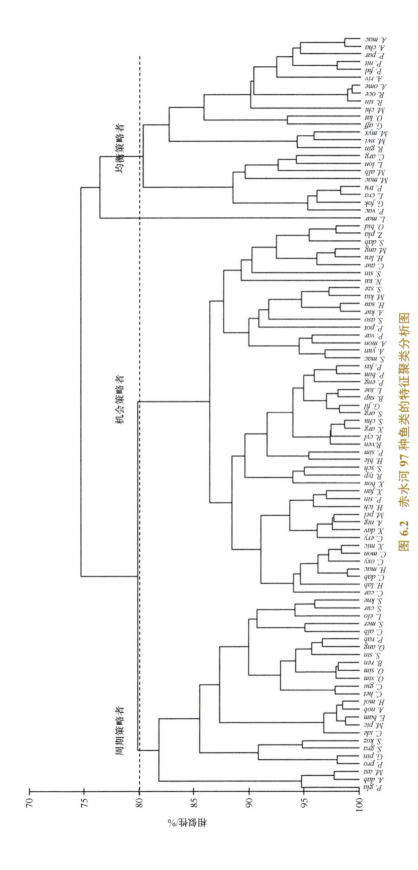

图 6.2 赤水河 97 种鱼类的特征聚类分析图

6.3 分析与讨论

6.3.1 生活史参数之间的关系

生活史理论试图解释生物体特征对环境变化的适应性进化，以及不同生长阶段死亡率和资源分配的差异（Winemiller，2005）。鱼类生活史参数之间通常存在一定的相关关系（Wooton，1984；Winemiller，1989；黎明政，2012），这些相关关系在某种程度上体现着物种生活史策略的权衡，是基础生理活动协调的结果（Winemiller，1989）。例如，性成熟年龄反映鱼体将能量从生长活动转移到繁殖活动，繁殖力直接体现能量从亲本转移到后代，亲本护幼行为则是能量从亲本转移到后代的间接体现。由于亲本在一个繁殖季节的能量投入有限，提高个体繁殖力往往要以降低卵子质量（即卵径）为代价，因而卵径与繁殖力之间通常呈负相关关系（Wootton，1984）。但是，也有一些研究显示，卵径与鱼类繁殖力之间不存在显著的负相关关系（Winemiller and Rose，1992；黎明政，2012）。本研究显示，卵径虽然与绝对繁殖力关系不大（$p > 0.05$），但是与体重相对繁殖力之间存在极显著的负相关关系（$p < 0.01$）。主成分分析排序图也显示，鱼类的生活史类型与体重相对繁殖力的关系较其与绝对繁殖力的关系更密切，机会策略者普遍具有较高的体重相对繁殖力，而周期策略者的体重相对繁殖力很低。因此，体重相对繁殖力应该更能反映鱼类的繁殖投入，也更适合用于衡量鱼类生活史类型。实际上，生活史策略之间的权衡并不止这样简单的一对一关系，更多的是多个特征之间的联合作用，其过程也更为复杂。

6.3.2 不同生活史策略类型的特征

本研究分析的 97 种鱼类包括赤水河流域的所有常见种类，而其他种类个体小或者种群数量小，生活史参数缺乏，因而未被纳入分析。结果显示，97 种鱼类的生活史特征与Winemiller 和 Rose（1992）的三维连续统观点高度一致，所有物种都处于该连续统的某个位置。白鲟、长江鲟和胭脂鱼等种类体型大、生命周期长、性成熟晚、绝对繁殖力高，为典型的周期策略者；银鮈、贝氏鳘和飘鱼等种类体型小、生命周期短、性成熟早、绝对繁殖力低、卵径小，为典型的机会策略者；而食蚊鱼、圆尾斗鱼、鲿鲅类和黄颡类体型小或者中等、绝对繁殖力低、亲本护幼投入高，为典型的均衡策略者。

周期策略者的一些特征与 r-K 生活史理论中的 r 策略者相似，如绝对繁殖力高。但是，它们之间也存在明显的差异，r 策略者通常体型小、生命周期短、具有较高的种群内禀增长率、多栖息于多变的环境中，而周期策略者体型大、生命周期长、偏好栖息于环境变化可预测的生境中。周期策略者一般每年繁殖 1 次（如四大家鱼和裂腹鱼类），有些种类甚至 2~3 年繁殖 1 次（如白鲟和长江鲟）。因此，其种群世代更替相对较慢（通常与繁殖周期一致）。但是它们通过延迟性成熟年龄以获得较高的繁殖力，并使得成年个体抵御不利环境条件（如低温、干旱或者食物缺乏）的能力提高，同时能够充分利用栖息地环境时空变化的可预测性来提高仔稚鱼的成活率和生长速度。例如，一些海洋鱼类可以准确探测环境条件的周期性变化，在条件有利时生产大量的小卵径浮性卵，从而迅速占领不同类型的栖息地，这样至少可以保证一部分受精卵遇到合适的环境后能够顺利孵化发育。虽然后代的成活率非常低（Houde，1987），但是幸存下来的仔鱼和当年幼鱼由于饵料资源丰富，生长速度相对较快（Winemiller and Rose，1992；Houde，1989）。此外，一些海洋鱼类还会利用洋流的季节变化进行生殖洄游。河流栖息环境的变化一定程度上也是可以预测的，流量和水温条件均随着季风性气候发生周期性的变化，长江流域的很多周期策略鱼类都会进行或长或短的洄游以充分利用河流栖息地的时空变化特征来提高后代的成活率。四大家鱼等江湖洄游型周期策略者每年秋末冬初即从通江湖泊洄游到长江越冬，翌年开春，亲鱼开始上溯。当水温达到18℃后，遇到适宜的水文条件（如涨水）亲鱼即行产卵，受精卵随水流扩散进入泛滥平原不同类型的水体进行育肥，育成后的亲鱼再次进入江河流水江段进行繁殖。白鲟、长江鲟、胭脂鱼、圆口铜鱼、铜鱼和长薄鳅等河道洄游型周期策略者的整个生活史过程均在河道中完成，基本不进入湖泊等附属水体。当水文条件适宜时，这些鱼类在急流江段产卵，缺乏主动游泳能力的卵苗顺水漂流，扩散至产卵场下游江段；待具备较强的游泳能力以后，则主动上溯至适宜江段繁殖。早期阶段的随水漂流可以使其发育过程获得充足的溶氧，减少被敌害摄食的风险，同时也有利于个体的散布，扩大食物来源，为种群的生存与发展提供更广阔的空间。中华倒刺鲃、墨头鱼、泉水鱼、四川裂腹鱼和昆明裂腹鱼等产沉黏性卵的周期策略者对产卵场的流速和底质也有一定的要求，为了寻找合适的产卵场也会进行短距离的洄游（刘成汉，1980；何学福和唐安华，1983；陈永祥和罗泉笙，1997）。

机会策略者的很多特征与 r 策略者相似，如体型小、性成熟早、后代成活率低（无护幼行为）。机会策略者的单次繁殖力虽然较低，但是由于它们在一年内能够进行多次产卵，因此仍然可以获得较高的总繁殖力。此外，在恶劣的自然环境条件下或者捕食压力较大的情况下，机会策略者依然保持着活跃的繁殖活动。Winemiller（1989）认为，较强的扩群能力是机会策略者应对高强度捕食压力和不可预测环境的主要适应性特征。机会策略者一般为定居型种类，在相对狭窄的水域内即可完成全部生活史。这些鱼类的产卵水文要求一般也不是很高，多数种类在河流沿岸带的适宜小生境中即可产卵。

均衡策略者在一定程度上对应于 r-K 生活史理论中的 K 策略者（Winemiller，1989）。由于均衡策略者常表现出较强的亲本护幼行为，其后代的成活率一般很高。江魟属（Potamotrygon）的卵径大、绝对繁殖力低、孵化期长，是均衡策略者的典型代表。丽鱼科（Cichlidae）也倾向于均衡策略（相对较大的卵子、口腔孵化受精卵、非周期性繁殖）。但是，均衡策略者还是有别于 K 策略者，因为均衡策略者多为小型鱼类，而 K 策略者的体型一般较大。本研究的黄颡类和鳑鲏类由于具有较强的护卵习性或者是特殊的繁殖方式，成为典型的均衡策略者。在水域环境相对稳定的生境中，这些种类往往成为优势种。

以上3种鱼类典型生活史类型处于三维连续统模型的顶端，生活史特征差异非常明显，但是很多种类处于该连续统的中间位置。例如，大部分周期策略者拥有较高的绝对繁殖力，与之相适应的是卵径较小，但是也有一些周期策略者情况正好相反，如墨头鱼和泉水鱼，它们的绝对繁殖力很低，但是卵径大，这些特征更偏向于均衡策略。很多周期策略者为了寻找合适的繁殖场所，会进行或长或短的生殖洄游，其实生殖洄游也可以认为是一种亲本护幼形式，因为亲鱼要在此过程中消耗大量的能量，其目的也是为了提高后代的成活率（Winemiller and Rose，1992）。但是，为了研究的方便，我们综合考虑各生活史参数将其归为3种类型中的一种。

Mims 等（2010）发现，北美淡水鱼类生活史策略沿纬度梯度发生一系列变化，低纬度鱼类多为机会策略者（体型普遍小、生命周期短），而高纬度鱼类以均衡策略者（体型大、生命周期长）占优势。赤水河鱼类的生活史特征也显示出相似的变化趋势（表 6.5），源头江段以周期策略者占明显优势，机会策略者次之，均衡策略者最少；而其他江段均以机会策略者占明显优势，周期策略者和均衡策略者较少。源头江段独特的地理环境可能是造成该差异的主要原因。赤水河源头地处云贵高原，海拔较高，水温低，水流湍急，饵料资源相对缺乏，水体环境条件的季节差异大，这些因素显然不利于机会策略者和均衡策略者生存。而随着河流向下游延伸，河流变宽，流速变缓，饵料资源丰富，环境条件相对较为稳定，为机会策略者种群的发展提供了良好的条件。

表 6.5 赤水河不同江段鱼类生活史类型组成（%）

江段	周期策略者	机会策略者	均衡策略者
源头	50.0	31.2	18.8
上游	20.0	57.1	22.9
中游	18.8	45.8	35.4
下游	22.6	51.6	25.8
全流域	25.8	49.5	24.7

6.3.3 生活史理论在鱼类资源保护方面的应用

三维连续统模型为渔业资源管理与保护提供了重要的理论依据（King and Mcfarlane，2003；Welcomme et al.，2006；Frimpong and Angermeier，2010；Olden and Kennard，2010；Mims et al.，2010）。

周期策略者个体大、生长速度慢、性成熟晚、繁殖群体以剩余群体为主，其种群一旦遭受破坏，短时间内将很难恢复（Leaman and Beamish，1984）。此外，周期策略者多栖息于环境变化可预测的生境中，某些种类还具有生殖洄游的习性，并且其繁殖活动对水文条件的要求较为严格。因此，栖息环境的自然性和连通性以及繁殖群体年龄结构的合理性是周期策略者种群生存与发展的关键（King and Mcfarlane，2003；Miyazono et al.，2010）。赤水河作为目前长江上游唯一一条干流未建坝的一级支流，仍然保持着自然流态，可以保证鱼类的自由迁徙，因此对于赤水河周期策略鱼类的保护应以保护其繁殖群体为重点。按照保护区的总体规划，赤水河流域将全面禁渔，但渔民转产安置工作进展缓慢。在此情况下，可以在不同江段划定一定的常年禁捕区以优先保护不同种类的繁殖群体，如将赤水河中游的赤水市—土城江段作为岩原鲤、长江孟加拉鲮和中华倒刺鲃等周期策略者繁殖群体的优先保护区，而将赤水河源头的鱼洞—白车村江段作为昆明裂腹鱼、四川裂腹鱼、白甲鱼、金沙鲈鲤、墨头鱼和泉水鱼等周期策略者的优先保护区。

机会策略者体型小、生命周期短、绝对繁殖力低，其种群维持主要依靠剩余繁殖群体的重复繁殖以及补充群体的快速成熟。虽然其种群数量随着环境波动变化很大，但是当环境威胁解除后，其种群能够迅速恢复。因此，对于机会策略者，保持其最小繁殖群体规模即可（King and Mcfarlane，2003）。

均衡策略者的种群内禀增长率较低（Smith et al.，1998），但较高的亲本护幼投入使得种群能够维持相对稳定，它们还经常成为一些水域的入侵种。但是由于均衡策略者繁殖力低，仅能承受适当的捕捞率，因此其种群极易崩溃（Hoenig and Gruber，1990）。此外，均衡策略者一般偏向栖息于相对稳定的水域环境中，剧烈而频繁的环境变化也可能导致其种群数量下降。

07

第 7 章　赤水河鱼类营养多样性

生态位分化是生态群落的基本特征之一（Winemiller and Pianka，1990），对于了解共存物种的种间关系和揭示群落的组织机制均具有重要的意义（Grossman，1986）。Gause（1934）认为，具有相同生态位的两个物种同时存在于同一区域时，必然引起竞争，而竞争的最终结果是一个物种灭绝，或者是两个物种都被迫改变生态位。因此，同时存在于同一区域的两个物种之间必定存在着一定的生态位差异（殷名称，1995）。食物资源、空间资源和时间资源是衡量生态位竞争的 3 个基本维度（Pianka，1969；Schoener，1985）。在水生生态系统方面，营养分化被认为是比栖息地分化和时间分化更为重要的机制（Ross，1986）。大量研究证实了鱼类群落营养资源分化利用这一事实（Pusey and Bradshaw，1996；Hammar，2000；Baumgartner，2007；Johnson and Arunachalam，2012）。目前，国内对于鱼类群落营养格局的研究主要集中在海洋，部分涉及湖泊或水库，而河流鱼类群落的营养资源利用情况尚未见报道。河流作为一个连续且完整的生态系统，其结构、功能和生态过程均呈现出从上游至下游连续变化的特征（Vannote et al.，1980）。鱼类作为处于食物链顶端的消费者，对河流资源的利用也必定与河流梯度的变化保持一致。

本章基于赤水河不同江段鱼类群落中主要特征种食物组分的质量百分比，对不同种类的营养生态位宽度、营养级和种间营养生态位重叠指数进行计算，并在此基础上对鱼类群落的营养结构和资源利用格局进行分析，以期为探讨赤水河鱼类群落的结构和功能、预测外来干扰对河流鱼类群落的影响及制定相应的鱼类资源保护对策提供科学依据。

7.1 材料与方法

2012 年春季和秋季渔获物调查期间，在赤水河赤水镇、赤水市和合江县 3 个江段共采集鱼类标本 1738 尾。采集渔具包括定置刺网、小钩和流刺网等。实验鱼起捕后，挑选成年个体或接近成年的个体，立即致死并进行常规生物学解剖。胃或前肠内含物用 5% 福尔马林固定，带回实验室进行分析。镜检时，先用 0.5 mm 网目的筛绢将胃肠内含物过滤。颗粒较大的食物类群（如水生昆虫幼虫、软体动物、虾类、蟹类和鱼类等）在肉眼或者 Olympus BX53 体式解剖镜下鉴定并计数；颗粒较小的食物类群（如藻类和浮游动物）则在 Nikon SM2745T 显微镜下鉴定和计数。食物种类鉴定参照《内陆水域渔业自然资源调查手册》（张觉民和何志辉，1991）、《淡水浮游生物研究方法》（章宗涉和黄祥飞，1991）、《四川鱼类志》（丁瑞华，1994）和《水生生物学（形态和分类）》（梁象秋等，1996）等，并尽量鉴定到最低分类单元。鱼类一般鉴定到种；水生昆虫一般鉴定到目，少数鉴定到科或属；软体动物、虾类和蟹类一般鉴定到属，少数鉴定到种；藻类一般鉴定到属。颗粒较大的食物类群经吸水纸吸去表面水分后采用精度为 0.001 g 的天平称量湿重，而藻类和浮游动物的质量数据参照章宗涉和黄祥飞（1991）以及张堂林（2005）。

将胃肠食物充塞度为 3 级及以上，且符合该标准的成年个体尾数大于 3 尾的物种用于随后的食性分析。最后将来自 54 种鱼类的 692 尾样本纳入了食性分析（表 7.1）。这 54 种鱼类代表了赤水河的主要优势种，占渔获物总尾数的 97%，基本可以反映整个鱼类群落的营养特征。

表 7.1 赤水河 54 种鱼类的营养生态位宽度、营养级和杂食性指数

种类	代号	样本量（尾）	体长范围（mm）	平均体长（mm）	营养生态位宽度	营养级	杂食性指数
宽鳍鱲	Z. pla	12	90～98	94.2±5.8	1.10	2.00	0.00
马口鱼	O. bid	17	100～154	125.0±15.4	1.90	3.63	0.32
草鱼	C. ide	5	230～480	330.2±114.5	1.00	2.00	0.00
赤眼鳟	S. cur	5	260～293	272.0±12.8	1.52	2.78	0.25
高体近红鲌	A. kur	30	112～196	136.9±17.2	1.38	3.00	0.00
飘鱼	P. sin	21	121～217	164.9±23.7	1.02	3.00	0.25
寡鳞飘鱼	P. eng	5	138～175	157.0±14.5	1.74	2.69	0.25
张氏𫚔	H. tch	14	112～199	151.8±25.1	1.00	3.00	0.00
贝氏𫚔	H. ble	10	105～126	115.3±7.0	1.04	2.02	0.46
半𫚔	H. sau	12	93～123	108.5±10.0	1.01	3.00	0.00
翘嘴鲌	C. alb	16	121～250	185.8±37.1	1.94	3.43	0.23
蒙古鲌	C. mon	20	111～286	185.7±45.6	1.03	3.99	0.16
大眼华鳊	S. mac	13	79～108	93.6±10.1	3.00	2.37	0.34
厚颌鲂	M. pel	9	113～258	148.6±44.9	1.00	3.00	0.00
似鳊	P. sim	20	102～147	116.6±12.0	1.11	2.00	0.00
黄尾鲴	X. dav	19	124～275	193.7±45.5	1.17	2.00	0.00
鲢	H. mol	4	355～475	402.8±52.3	1.00	2.00	0.00
蛇鮈	S. dab	30	132～203	152.9±16.9	1.02	2.01	0.25
银鮈	S. arg	13	89～124	104.6±8.2	1.01	3.00	0.00
吻鮈	R. typ	21	130～245	184.9±25.5	1.07	3.00	0.00
唇䱻	H. lab	10	147～250	193.0±39.0	2.07	2.96	0.08
花䱻	H. mac	40	98～215	135.9±25.0	1.54	3.00	0.00
麦穗鱼	P. par	7	49～87	68.4±13.1	1.50	2.21	0.25
棒花鱼	A. riv	3	80～90	83.7±5.6	1.06	2.03	0.25
华鳈	S. sin1	15	83～130	106.4±12.6	1.00	2.00	0.00
白甲鱼	O. sim	10	117～218	164.6±33.9	1.02	2.00	0.00
中华倒刺鲃	S. sin2	11	152～208	177.3±28.4	1.02	2.99	0.25
云南光唇鱼	A. yun	13	133～188	166.0±18.0	2.29	2.40	0.31
宽口光唇鱼	A. mon	13	97～141	116.1±13.6	2.94	2.95	0.05
金沙鲈鲤	P. pin	5	106～166	136±23.6	1.71	3.14	0.01
墨头鱼	G. pin	10	122～210	160.1±33.3	1.05	2.00	0.00

续表

种类	代号	样本量（尾）	体长范围（mm）	平均体长（mm）	营养生态位宽度	营养级	杂食性指数
泉水鱼	P. pro	9	135～183	153.2±18.8	1.00	2.00	0.00
长江孟加拉鲮	B. ren	5	108～190	145.3±30.5	1.00	2.00	0.00
昆明裂腹鱼	S. gra	11	116～296	177.2±60.3	1.15	2.95	0.12
鲫	C. aur	30	77～140	110.6±15.3	1.08	2.04	0.47
岩原鲤	P. rab	18	156～249	206.7±27.9	2.73	2.82	0.25
鲇	S. aso	10	176～272	218.9±27.4	1.23	3.90	0.23
黄颡鱼	P. ful	8	105～149	125.3±13.4	1.04	2.02	0.44
瓦氏黄颡鱼	P. vac	13	90～188	121.9±25.7	2.35	2.16	0.67
光泽黄颡鱼	P. nit	9	102～133	117.6±10.4	2.47	2.80	0.29
切尾拟鲿	P. tru	14	80～172	123.1±29.1	2.10	3.10	0.01
粗唇鮠	L. cra	9	98～166	124.9±23.1	1.29	2.14	0.49
大鳍鳠	M. mac	13	145～217	175.5±26.0	1.75	3.01	0.00
白缘鉠	L. mar	3	101～125	112.3±12.1	1.22	2.90	0.25
中华纹胸鮡	G. sin	7	87～111	95.1±8.4	1.15	2.93	0.42
鳜	S. chu	27	122～245	185.0±43.9	2.29	3.64	0.30
乌鳢	C. arg	4	163～212	217.7±76.8	1.00	3.04	0.00
中华沙鳅	B. sup	6	86～122	105.5±12.3	2.82	2.50	0.34
长薄鳅	L. elo	24	83～220	155.6±43.1	1.16	3.93	0.23
紫薄鳅	L. tae	4	92～145	123.3±22.8	1.07	2.97	0.44
双斑副沙鳅	P. bim	7	101～136	123.7±12.8	1.11	2.95	0.25
红尾副鳅	P. var	5	126～136	132.6±4.1	1.24	3.00	0.00
四川华吸鳅	S. sze	10	72～88	80.9±5.3	1.01	2.00	0.00
西昌华吸鳅	S. sic	13	47～63	54.4±5.5	1.28	2.99	0.07

　　将鱼类的食物组成划分为32个类群，即蓝藻门、隐藻门、硅藻门、裸藻门、衣藻门、绿藻门、枝角类、桡足类、轮虫、原生动物、有机碎屑、高等维管束植物、植物种子、蜉蝣目、双翅目、蜻蜓目、襀翅目、毛翅目、膜翅目、寡毛类、钩虾属、沼虾属、米虾属、蟹类、湖沼股蛤、蚬类、螺类、鮈亚科、鲌亚科、鲤亚科、虾虎鱼科和鱼卵（表7.2），根据不同食物类群的质量百分比计算鱼类的营养生态位宽度、营养级和营养生态位重叠指数。

表 7.2　赤水河 54 种鱼类的食物组成（%）

食物类群	物种										
	Z.pla	O.bid	C.ide	S.cur	A.kur	P.sin	P.eng	H.tch	H.ble	H.sau	C.alb
藻类	100.00	0.00	0.12	21.95	0.01	0.00	0.01	0.06	98.08	0.03	0.00
蓝藻门	0.00	0.00	0.00	0.00	0.00	0.00	0.00	0.00	0.00	0.00	0.00
隐藻门	0.00	0.00	0.00	0.00	0.00	0.00	0.00	0.00	0.00	0.00	0.00
硅藻门	95.01	0.00	0.12	21.95	0.01	0.00	0.01	0.06	0.17	0.03	0.00
裸藻门	0.00	0.00	0.00	0.00	0.00	0.00	0.00	0.00	0.00	0.00	0.00
衣藻门	0.00	0.00	0.00	0.00	0.00	0.00	0.00	0.00	0.00	0.00	0.00
绿藻门	4.99	0.00	0.00	0.00	0.00	0.00	0.00	0.00	97.91	0.00	0.00
浮游动物	0.00	0.00	0.00	0.00	0.00	0.00	0.00	0.00	0.00	0.00	0.10
枝角类	0.00	0.00	0.00	0.00	0.00	0.00	0.00	0.00	0.00	0.00	0.10
桡足类	0.00	0.00	0.00	0.00	0.00	0.00	0.00	0.00	0.00	0.00	0.00
轮虫	0.00	0.00	0.00	0.00	0.00	0.00	0.00	0.00	0.00	0.00	0.00
原生动物	0.00	0.00	0.00	0.00	0.00	0.00	0.00	0.00	0.00	0.00	0.00
有机碎屑	0.00	0.00	0.00	0.00	0.00	0.00	30.69	0.00	0.00	0.00	0.00
高等植物	0.00	0.00	99.88	0.00	0.00	0.69	0.00	0.00	1.05	0.00	0.00
维管束植物	0.00	0.00	99.88	0.00	0.00	0.00	0.00	0.00	0.00	0.00	0.00
植物种子	0.00	0.00	0.00	0.00	0.00	0.69	0.00	0.00	1.05	0.00	0.00
水生昆虫	0.00	0.00	0.00	0.00	83.33	98.99	69.30	99.94	0.00	99.55	0.00
蜉蝣目	0.00	0.00	0.00	0.00	83.33	98.99	0.00	99.94	0.00	99.55	0.00
双翅目	0.00	0.00	0.00	0.00	0.00	0.00	69.30	0.00	0.00	0.00	0.00
蜻蜓目	0.00	0.00	0.00	0.00	0.00	0.00	0.00	0.00	0.00	0.00	0.00
襀翅目	0.00	0.00	0.00	0.00	0.00	0.00	0.00	0.00	0.00	0.00	0.00
毛翅目	0.00	0.00	0.00	0.00	0.00	0.00	0.00	0.00	0.00	0.00	0.00
陆生昆虫	0.00	0.84	0.00	0.00	0.00	0.00	0.00	0.00	0.00	0.00	0.00
膜翅目	0.00	0.84	0.00	0.00	0.00	0.00	0.00	0.00	0.00	0.00	0.00
寡毛类	0.00	0.00	0.00	78.05	0.00	0.00	0.00	0.00	0.00	0.42	0.00
虾类	0.00	0.00	0.00	0.00	0.00	0.00	0.00	0.00	0.00	0.00	0.00
钩虾属	0.00	0.00	0.00	0.00	0.00	0.00	0.00	0.00	0.00	0.00	0.00
沼虾属	0.00	0.00	0.00	0.00	0.00	0.00	0.00	0.00	0.00	0.00	0.00
米虾属	0.00	0.00	0.00	0.00	0.00	0.00	0.00	0.00	0.00	0.00	0.00
蟹类	0.00	0.00	0.00	0.00	0.00	0.00	0.00	0.00	0.00	0.00	0.00
软体动物	0.00	0.00	0.00	0.00	16.67	0.00	0.00	0.00	0.00	0.00	0.00
湖沼股蛤	0.00	0.00	0.00	0.00	16.67	0.00	0.00	0.00	0.00	0.00	0.00
蚬类	0.00	0.00	0.00	0.00	0.00	0.00	0.00	0.00	0.00	0.00	0.00

食物类群	物种										
	Z.pla	O.bid	C.ide	S.cur	A.kur	P.sin	P.eng	H.tch	H.ble	H.san	C.alb
螺类	0.00	0.00	0.00	0.00	0.00	0.00	0.00	0.00	0.00	0.00	0.00
鱼类	0.00	99.16	0.00	0.00	0.00	0.00	0.00	0.00	0.00	0.00	99.90
鮈亚科	0.00	62.68	0.00	0.00	0.00	0.00	0.00	0.00	0.00	0.00	41.06
鲌亚科	0.00	36.47	0.00	0.00	0.00	0.00	0.00	0.00	0.00	0.00	0.00
鲤亚科	0.00	0.00	0.00	0.00	0.00	0.00	0.00	0.00	0.00	0.00	58.84
虾虎鱼科	0.00	0.00	0.00	0.00	0.00	0.00	0.00	0.00	0.00	0.00	0.00
鱼卵	0.00	0.00	0.00	0.00	0.00	0.32	0.00	0.00	0.87	0.00	0.00

食物类群	物种										
	C.mon	S.mac	M.pel	P.sim	X.dav	H.mol	S.dab	S.arg	R.typ	H.lab	H.mac
藻类	0.00	0.00	0.00	95.15	100.00	100.00	0.00	0.01	0.00	0.02	0.00
蓝藻门	0.00	0.00	0.00	94.76	0.00	0.00	0.00	0.00	0.00	0.02	0.00
隐藻门	0.00	0.00	0.00	0.00	0.00	0.00	0.00	0.00	0.00	0.00	0.00
硅藻门	0.00	0.00	0.00	0.39	92.25	100.00	0.00	0.01	0.00	0.00	0.00
裸藻门	0.00	0.00	0.00	0.00	0.00	0.00	0.00	0.00	0.00	0.00	0.00
衣藻门	0.00	0.00	0.00	0.00	0.00	0.00	0.00	0.00	0.00	0.00	0.00
绿藻门	0.00	0.00	0.00	0.00	7.75	0.00	0.00	0.00	0.00	0.00	0.00
浮游动物	0.00	0.00	0.00	0.00	0.00	0.00	0.00	0.04	0.00	0.00	0.00
枝角类	0.00	0.00	0.00	0.00	0.00	0.00	0.00	0.03	0.00	0.00	0.00
桡足类	0.00	0.00	0.00	0.00	0.00	0.00	0.00	0.01	0.00	0.00	0.00
轮虫	0.00	0.00	0.00	0.00	0.00	0.00	0.00	0.00	0.00	0.00	0.00
原生动物	0.00	0.00	0.00	0.00	0.00	0.00	0.00	0.00	0.00	0.00	0.00
有机碎屑	0.00	34.12	0.00	4.85	0.00	0.00	99.01	0.00	0.00	4.00	0.00
高等植物	0.00	28.64	0.00	0.00	0.00	0.00	0.00	0.00	0.00	0.00	0.00
维管束植物	0.00	28.64	0.00	0.00	0.00	0.00	0.00	0.00	0.00	0.00	0.00
植物种子	0.00	0.00	0.00	0.00	0.00	0.00	0.00	0.00	0.00	0.00	0.00
水生昆虫	0.00	36.70	0.00	0.00	0.00	0.00	0.99	0.38	0.00	94.98	22.11
蜉蝣目	0.00	0.00	0.00	0.00	0.00	0.00	0.00	0.00	0.00	34.99	20.83
双翅目	0.00	0.00	0.00	0.00	0.00	0.00	0.99	0.38	0.00	59.99	0.00
蜻蜓目	0.00	0.00	0.00	0.00	0.00	0.00	0.00	0.00	0.00	0.00	0.00
襀翅目	0.00	36.70	0.00	0.00	0.00	0.00	0.00	0.00	0.00	0.00	1.28
毛翅目	0.00	0.00	0.00	0.00	0.00	0.00	0.00	0.00	0.00	0.00	0.00
陆生昆虫	0.00	0.00	0.00	0.00	0.00	0.00	0.00	0.00	0.00	0.00	0.00
膜翅目	0.00	0.00	0.00	0.00	0.00	0.00	0.00	0.00	0.00	0.00	0.00

续表

食物类群	物种										
	C.mon	S.mac	M.pel	P.sim	X.dav	H.mol	S.dab	S.arg	R.typ	H.lab	H.mac
寡毛类	0.00	0.54	0.00	0.00	0.00	0.00	0.00	0.00	0.00	0.00	0.00
虾类	1.59	0.00	0.00	0.00	0.00	0.00	0.00	0.00	0.00	0.00	0.00
钩虾属	0.00	0.00	0.00	0.00	0.00	0.00	0.00	0.00	0.00	0.00	0.00
沼虾属	0.00	0.00	0.00	0.00	0.00	0.00	0.00	0.00	0.00	0.00	0.00
米虾属	1.59	0.00	0.00	0.00	0.00	0.00	0.00	0.00	0.00	0.00	0.00
蟹类	0.00	0.00	0.00	0.00	0.00	0.00	0.00	0.00	0.00	0.00	0.00
软体动物	0.00	0.00	100.00	0.00	0.00	0.00	0.00	99.61	99.96	1.00	77.89
湖沼股蛤	0.00	0.00	100.00	0.00	0.00	0.00	0.00	99.61	3.12	0.00	0.00
蚬类	0.00	0.00	0.00	0.00	0.00	0.00	0.00	0.00	0.31	1.00	0.00
螺类	0.00	0.00	0.00	0.00	0.00	0.00	0.00	0.00	96.53	0.00	77.89
鱼类	98.41	0.00	0.00	0.00	0.00	0.00	0.00	0.00	0.00	0.00	0.00
鲍亚科	98.41	0.00	0.00	0.00	0.00	0.00	0.00	0.00	0.00	0.00	0.00
鲌亚科	0.00	0.00	0.00	0.00	0.00	0.00	0.00	0.00	0.00	0.00	0.00
鲤亚科	0.00	0.00	0.00	0.00	0.00	0.00	0.00	0.00	0.00	0.00	0.00
虾虎鱼科	0.00	0.00	0.00	0.00	0.00	0.00	0.00	0.00	0.00	0.00	0.00
鱼卵	0.00	0.00	0.00	0.00	0.00	0.00	0.00	0.00	0.00	0.00	0.00

食物类群	物种										
	P.par	A.riv	S.sin1	O.sim	S.sin2	A.yun	A.mon	P.pin	G.pin	P.pro	B.ren
藻类	78.73	0.00	100.00	100.00	0.00	0.29	0.02	0.00	100.00	100.00	100.00
蓝藻门	0.00	0.00	0.00	0.00	0.00	0.00	0.00	0.00	0.00	0.00	0.00
隐藻门	0.00	0.00	0.00	0.00	0.00	0.00	0.00	0.00	0.00	0.00	0.00
硅藻门	0.02	0.00	100.00	99.19	0.00	0.28	0.02	0.00	2.31	99.88	100.00
裸藻门	0.00	0.00	0.00	0.00	0.00	0.00	0.00	0.00	0.00	0.00	0.00
衣藻门	0.00	0.00	0.00	0.00	0.00	0.00	0.00	0.00	0.00	0.00	0.00
绿藻门	78.71	0.00	0.00	0.81	0.00	0.01	0.00	0.00	97.69	0.12	0.00
浮游动物	0.00	0.00	0.00	0.00	0.00	0.01	0.14	44.99	0.00	0.00	0.00
枝角类	0.00	0.00	0.00	0.00	0.00	0.00	0.13	15.00	0.00	0.00	0.00
桡足类	0.00	0.00	0.00	0.00	0.00	0.01	0.00	5.00	0.00	0.00	0.00
轮虫	0.00	0.00	0.00	0.00	0.00	0.00	0.01	24.99	0.00	0.00	0.00
原生动物	0.00	0.00	0.00	0.00	0.00	0.00	0.00	0.00	0.00	0.00	0.00
有机碎屑	0.00	96.90	0.00	0.00	0.00	59.74	5.00	0.00	0.00	0.00	0.00
高等植物	0.00	0.00	0.00	0.00	0.81	0.00	0.00	0.00	0.00	0.00	0.00
维管束植物	0.00	0.00	0.00	0.00	0.81	0.00	0.00	0.00	0.00	0.00	0.00

续表

食物类群	物种										
	P.par	A.riv	S.sin1	O.sim	S.sin2	A.yun	A.mon	P.pin	G.pin	P.pro	B.ren
植物种子	0.00	0.00	0.00	0.00	0.00	0.00	0.00	0.00	0.00	0.00	0.00
水生昆虫	21.27	3.10	0.00	0.00	0.00	39.83	49.99	0.00	0.00	0.00	0.00
蜉蝣目	0.00	0.00	0.00	0.00	0.00	19.91	0.00	0.00	0.00	0.00	0.00
双翅目	21.27	3.10	0.00	0.00	0.00	19.91	49.99	0.00	0.00	0.00	0.00
蜻蜓目	0.00	0.00	0.00	0.00	0.00	0.00	0.00	0.00	0.00	0.00	0.00
襀翅目	0.00	0.00	0.00	0.00	0.00	0.00	0.00	0.00	0.00	0.00	0.00
毛翅目	0.00	0.00	0.00	0.00	0.00	0.00	0.00	0.00	0.00	0.00	0.00
陆生昆虫	0.00	0.00	0.00	0.00	0.00	0.00	0.00	0.00	0.00	0.00	0.00
膜翅目	0.00	0.00	0.00	0.00	0.00	0.00	0.00	0.00	0.00	0.00	0.00
寡毛类	0.00	0.00	0.00	0.00	0.00	0.00	0.00	0.00	0.00	0.00	0.00
虾类	0.00	0.00	0.00	0.00	0.00	0.00	0.00	70.42	0.00	0.00	0.00
钩虾属	0.00	0.00	0.00	0.00	0.00	0.00	0.00	0.00	0.00	0.00	0.00
沼虾属	0.00	0.00	0.00	0.00	0.00	0.00	0.00	0.00	0.00	0.00	0.00
米虾属	0.00	0.00	0.00	0.00	0.00	0.00	0.00	70.42	0.00	0.00	0.00
蟹类	0.00	0.00	0.00	0.00	0.00	0.00	0.00	0.00	0.00	0.00	0.00
软体动物	0.00	0.00	0.00	0.00	99.18	0.00	0.00	0.00	0.00	0.00	0.00
湖沼股蛤	0.00	0.00	0.00	0.00	99.18	0.00	0.00	0.00	0.00	0.00	0.00
蚬类	0.00	0.00	0.00	0.00	0.00	0.00	0.00	0.00	0.00	0.00	0.00
螺类	0.00	0.00	0.00	0.00	0.00	0.00	0.00	0.00	0.00	0.00	0.00
鱼类	0.00	0.00	0.00	0.00	0.00	0.00	0.00	29.58	0.00	0.00	0.00
鮈亚科	0.00	0.00	0.00	0.00	0.00	0.00	0.00	0.00	0.00	0.00	0.00
鲌亚科	0.00	0.00	0.00	0.00	0.00	0.00	0.00	29.58	0.00	0.00	0.00
鲤亚科	0.00	0.00	0.00	0.00	0.00	0.00	0.00	0.00	0.00	0.00	0.00
虾虎鱼科	0.00	0.00	0.00	0.00	0.00	0.00	0.00	0.00	0.00	0.00	0.00
鱼卵	0.00	0.00	0.00	0.00	0.00	0.00	0.00	0.00	0.00	0.00	0.00

食物类群	物种										
	S.gra	C.aur	P.rab	S.aso	P.ful	P.vac	P.nit	P.tru	L.cra	M.mac	L.mar
藻类	4.50	0.01	0.04	0.00	0.00	0.01	0.01	0.00	0.01	0.00	0.01
蓝藻门	0.00	0.00	0.00	0.00	0.00	0.00	0.00	0.00	0.00	0.00	0.00
隐藻门	0.00	0.00	0.00	0.00	0.00	0.00	0.00	0.00	0.00	0.00	0.00
硅藻门	4.50	0.01	0.04	0.00	0.00	0.00	0.01	0.00	0.00	0.00	0.00
裸藻门	0.00	0.00	0.00	0.00	0.00	0.00	0.00	0.00	0.00	0.00	0.00
衣藻门	0.00	0.00	0.00	0.00	0.00	0.00	0.00	0.00	0.00	0.00	0.00

续表

食物类群	物种										
	S.gra	C.aur	P.rab	S.aso	P.ful	P.vac	P.nit	P.tru	L.cra	M.mac	L.mar
绿藻门	0.00	0.00	0.00	0.00	0.00	0.01	0.00	0.00	0.00	0.00	0.00
浮游动物	0.00	3.65	0.00	0.00	0.13	0.07	0.43	0.00	0.24	0.00	0.00
枝角类	0.00	3.09	0.00	0.00	0.10	0.00	0.38	0.00	0.24	0.00	0.00
桡足类	0.00	0.54	0.00	0.00	0.01	0.00	0.06	0.00	0.00	0.00	0.00
轮虫	0.00	0.02	0.00	0.00	0.02	0.07	0.00	0.00	0.00	0.00	0.00
原生动物	0.00	0.00	0.00	0.00	0.00	0.00	0.00	0.00	0.00	0.00	0.00
有机碎屑	0.00	96.34	8.00	0.00	98.14	90.67	30.70	0.00	87.56	0.00	10.00
高等植物	0.00	0.00	9.79	0.00	0.00	0.00	0.00	0.00	0.00	0.29	0.00
维管束植物	0.00	0.00	9.79	0.00	0.00	0.00	0.00	0.00	0.00	0.29	0.00
植物种子	0.00	0.00	0.00	0.00	0.00	0.00	0.00	0.00	0.00	0.00	0.00
水生昆虫	95.50	0.00	31.98	0.00	1.72	3.79	15.35	51.29	4.65	94.24	89.99
蜉蝣目	2.58	0.00	0.00	0.00	0.74	0.00	0.00	49.81	0.20	0.00	0.00
双翅目	92.92	0.00	31.98	0.00	0.98	3.79	15.35	0.25	0.00	72.95	89.99
蜻蜓目	0.00	0.00	0.00	0.00	0.00	0.00	0.00	1.23	3.89	19.12	0.00
襀翅目	0.00	0.00	0.00	0.00	0.00	0.00	0.00	0.00	0.00	0.89	0.00
毛翅目	0.00	0.00	0.00	0.00	0.00	0.00	0.00	0.00	0.28	1.27	0.00
陆生昆虫	0.00	0.00	0.00	0.00	0.00	0.00	0.00	0.00	0.01	0.00	0.00
膜翅目	0.00	0.00	0.00	0.00	0.00	0.00	0.00	0.00	0.01	0.00	0.00
寡毛类	0.00	0.00	0.00	0.00	0.00	0.00	0.00	0.00	0.00	0.00	0.00
虾类	0.00	0.00	0.02	0.00	0.00	0.00	53.50	0.88	7.53	0.00	0.00
钩虾属	0.00	0.00	0.02	0.00	0.00	0.00	0.00	0.00	0.00	0.00	0.00
沼虾属	0.00	0.00	0.00	0.00	0.00	0.00	0.00	0.00	0.00	0.00	0.00
米虾属	0.00	0.00	0.00	0.00	0.00	0.00	53.50	0.88	7.53	0.00	0.00
蟹类	0.00	0.00	0.00	0.00	0.00	0.00	0.00	47.83	0.00	5.47	0.00
软体动物	0.00	0.00	50.17	0.00	0.00	0.00	0.00	0.00	0.00	0.00	0.00
湖沼股蛤	0.00	0.00	49.77	0.00	0.00	0.00	0.00	0.00	0.00	0.00	0.00
蚬类	0.00	0.00	0.20	0.00	0.00	0.00	0.00	0.00	0.00	0.00	0.00
螺类	0.00	0.00	0.20	0.00	0.00	0.00	0.00	0.00	0.00	0.00	0.00
鱼类	0.00	0.00	0.00	100.00	0.00	5.45	0.00	0.00	0.00	0.00	0.00
鮈亚科	0.00	0.00	0.00	89.57	0.00	0.00	0.00	0.00	0.00	0.00	0.00
鲌亚科	0.00	0.00	0.00	0.00	0.00	0.00	0.00	0.00	0.00	0.00	0.00
鲤亚科	0.00	0.00	0.00	10.43	0.00	0.00	0.00	0.00	0.00	0.00	0.00
虾虎鱼科	0.00	0.00	0.00	0.00	0.00	5.45	0.00	0.00	0.00	0.00	0.00
鱼卵	0.00	0.00	0.00	0.00	0.00	0.00	0.00	0.00	0.00	0.00	0.00

续表

食物类群	物种									
	G.sin	S.chu	C.arg	B.sup	L.elo	L.tae	P.bim	P.var	S.sze	S.sic
藻类	2.00	0.00	0.00	0.00	0.00	3.28	0.00	0.00	100.00	0.60
蓝藻门	0.00	0.00	0.00	0.00	0.00	0.00	0.00	0.00	99.34	0.00
隐藻门	0.00	0.00	0.00	0.00	0.00	0.00	0.00	0.00	0.00	0.00
硅藻门	0.00	0.00	0.00	0.00	0.00	1.64	0.00	0.00	0.66	0.59
裸藻门	0.00	0.00	0.00	0.00	0.00	0.00	0.00	0.00	0.00	0.00
衣藻门	0.00	0.00	0.00	0.00	0.00	0.00	0.00	0.00	0.00	0.00
绿藻门	2.00	0.00	0.00	0.00	0.00	1.64	0.00	0.00	0.00	0.01
浮游动物	0.00	0.00	0.00	0.84	0.00	0.00	0.00	0.00	0.00	0.00
枝角类	0.00	0.00	0.00	0.80	0.00	0.00	0.00	0.00	0.00	0.00
桡足类	0.00	0.00	0.00	0.01	0.00	0.00	0.00	0.00	0.00	0.00
轮虫	0.00	0.00	0.00	0.02	0.00	0.00	0.00	0.00	0.00	0.00
原生动物	0.00	0.00	0.00	0.00	0.00	0.00	0.00	0.00	0.00	0.00
有机碎屑	5.09	0.00	0.00	49.58	0.00	0.00	5.09	0.00	0.00	0.00
高等植物	0.00	0.00	0.00	0.00	0.00	0.00	0.00	0.00	0.00	0.00
维管束植物	0.00	0.00	0.00	0.00	0.00	0.00	0.00	0.00	0.00	0.00
植物种子	0.00	0.00	0.00	0.00	0.00	0.00	0.00	0.00	0.00	0.00
水生昆虫	92.91	1.42	0.00	29.75	0.10	96.72	94.90	100.00	0.00	99.40
蜉蝣目	92.91	0.00	0.00	0.00	0.00	0.00	0.00	10.95	0.00	87.84
双翅目	0.00	0.00	0.00	29.75	0.00	96.72	94.90	89.05	0.00	8.78
蜻蜓目	0.00	0.51	0.00	0.00	0.00	0.00	0.00	0.00	0.00	0.00
襀翅目	0.00	0.91	0.00	0.00	0.00	0.00	0.00	0.00	0.00	0.00
毛翅目	0.00	0.00	0.00	0.00	0.10	0.00	0.00	0.00	0.00	2.78
陆生昆虫	0.00	0.00	0.00	0.00	0.00	0.00	0.00	0.00	0.00	0.00
膜翅目	0.00	0.00	0.00	0.00	0.00	0.00	0.00	0.00	0.00	0.00
寡毛类	0.00	0.00	0.00	9.92	0.00	0.00	0.00	0.00	0.00	0.00
虾类	0.00	5.80	0.00	0.00	0.00	0.00	0.00	0.00	100.00	0.60
钩虾属	0.00	0.00	0.00	0.00	0.00	0.00	0.00	0.00	0.00	0.00
沼虾属	0.00	5.80	0.00	0.00	0.00	0.00	0.00	0.00	0.00	0.00
米虾属	0.00	0.00	0.00	0.00	0.00	0.00	0.00	0.00	0.00	0.00
蟹类	0.00	0.00	0.00	0.00	0.00	0.00	0.00	0.00	0.00	0.00
软体动物	0.00	0.00	0.00	9.92	0.00	0.00	0.00	0.00	0.00	0.00
湖沼股蛤	0.00	0.00	0.00	9.92	0.00	0.00	0.00	0.00	0.00	0.00
蚬类	0.00	0.00	0.00	0.00	0.00	0.00	0.00	0.00	0.00	0.00

续表

食物类群	物种									
	G.sin	*S.chu*	*C.arg*	*B.sup*	*L.elo*	*L.tae*	*P.bim*	*P.var*	*S.sze*	*S.sic*
螺类	0.00	0.00	0.00	0.00	0.00	0.00	0.00	0.00	0.00	0.00
鱼类	0.00	92.79	100.00	0.00	99.90	0.00	0.00	0.00	0.00	0.00
鮈亚科	0.00	60.89	0.00	0.00	92.70	0.00	0.00	0.00	0.00	0.00
鲴亚科	0.00	7.33	0.00	0.00	0.00	0.00	0.00	0.00	0.00	0.00
鲤亚科	0.00	23.94	100.00	0.00	7.20	0.00	0.00	0.00	0.00	0.00
虾虎鱼科	0.00	0.63	0.00	0.00	0.00	0.00	0.00	0.00	0.00	0.00
鱼卵	0.00	0.00	0.00	0.00	0.00	0.00	0.00	0.00	0.00	0.00

营养生态位宽度（B）的计算公式如下：

$$B = 1/\sum p_i^2 \tag{7-1}$$

式中，p_i 表示食物类群 i 在某种鱼类食物总质量中所占的比例。营养生态位宽度反映了鱼类的营养生态位特化程度（Hurlbert，1978），食物生态位越窄（狭食性鱼类），说明营养生态位特化程度越高，而食物生态位越宽（广食性鱼类），说明营养生态位特化程度越低。

营养级（TL）的计算参照 Odum 和 Heald（1975）的方法，计算公式如下：

$$TL_i = 1 + \sum DC_{ij}TL_j \tag{7-2}$$

式中，DC_{ij} 表示食物类群 j 在鱼类 i 食物中所占的质量百分比；TL_j 为食物类群 j 的营养级。

营养级方差根据杂食性指数（OI）进行估算（Christensen and Pauly，1992），计算公式如下：

$$OI_i = \sum (TL_j - TL_{preys})^2 \times DC_{ij} \tag{7-3}$$

式中，TL_{preys} 表示鱼类 i 摄食的所有食物类群的平均营养级；OI_i 反映了鱼类摄食不同营养级食物的能力，OI_i 越大，其杂食性程度越高。OI_i 的平方根即营养级的标准误差（Pauly et al.，2001）。不同食物类群营养级的赋值参照张堂林（2005）的研究：植物性食物（包括藻类、高等维管束植物和有机碎屑）为 1.0；原生动物、轮虫、枝角类为 2.0；桡足类为 2.1；虾类和蟹类为 2.2；昆虫幼虫、寡毛类和软体动物为 2.0；鱼卵为 3.0；饵料鱼类的营养级则根据其食物组成计算。

营养生态位重叠指数（S_B）用 Bray-Curtis 相似性系数表示（Bray and Curtis，1957），计算公式如下：

$$S_B = 100 \times \left(1 - \frac{\sum |P_{ik} - P_{jk}|}{\sum |P_{ik} + P_{jk}|}\right) \tag{7-4}$$

式中，P_{ik} 和 P_{jk} 分别为共有食物类群 k 在鱼类 i 和 j 食物中所占的比例。S_B 取值范围为 0～100，0 表示无食物重叠，100 表示食物组成完全一致，以 60 作为临界值，S_B 大于 60 即表示种间营养生态位高度重叠（Blaber and Bulman，1987）。

将鱼类的食物组成划分为藻类、浮游动物、有机碎屑、高等维管束植物、水生昆虫、陆生昆虫、寡毛类、虾类、蟹类、软体动物、鱼类和鱼卵 12 个大类群（Pouilly et al.，2003），基于不同食物类群的 Bray-Curtis 相似性系数进行聚类分析（未加权组平均法，即 UPGMA），以探讨鱼类群落的营养分化特征。所有数据在进行多元分析之前均进行平方根转换，分析软件为 PRIMER 5（Clarke and Warwick，2001）。

7.2 营养生态位宽度

赤水河 54 种鱼类的食物组成见表 7.2。Levin 指数显示，赤水河鱼类的营养生态位特化程度差异较大。54 种鱼类的营养生态位宽度介于 1.00～3.00，平均值为 1.44±0.58。鲢、华鳈、长江孟加拉鲮、厚颌鲂、张氏䱗、草鱼、泉水鱼、乌鳢、银鮈、半䱗、四川华吸鳅、白甲鱼、中华倒刺鲃、蛇鮈、飘鱼、蒙古鲌、黄颡鱼、贝氏䱗、墨头鱼、棒花鱼、紫薄鳅、吻鮈、鲫和宽鳍鱲 24 种鱼类的营养生态位宽度介于 1.00～1.10，属于典型的狭食性鱼类；唇䱻、切尾拟鲿、鳜、云南光唇鱼、瓦氏黄颡鱼、光泽黄颡鱼、岩原鲤、中华沙鳅、宽口光唇鱼和大眼华鳊 10 种鱼类的营养生态位宽度介于 2.00～3.00，属于广食性鱼类；而其他 20 种鱼类的营养生态位宽度介于 1.10～2.00（图 7.1）。

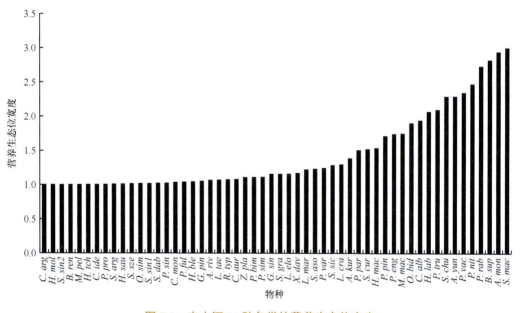

图 7.1　赤水河 54 种鱼类的营养生态位宽度

7.3 营 养 级

赤水河 54 种鱼类的营养级为 2.00～3.99，平均值为 2.69±0.58。黄尾鲴、泉水鱼、似鳊、宽鳍鱲、墨头鱼、白甲鱼、四川华吸鳅、草鱼、长江孟加拉鲮、华鲮、鲢、蛇鮈、贝氏鳘、黄颡鱼、棒花鱼、鲫、粗唇鮠、瓦氏黄颡鱼、麦穗鱼、大眼华鳊和云南光唇鱼21种鱼类的营养级介于2.00～2.40，主要以藻类、高等维管束植物和有机碎屑为食；中华沙鳅、寡鳞飘鱼、赤眼鳟、光泽黄颡鱼、岩原鲤、白缘䱀、中华纹胸鳅、双斑副沙鳅、宽口光唇鱼、昆明裂腹鱼、唇鳎、紫薄鳅、中华倒刺鲃、西昌华吸鳅、飘鱼、张氏鳘、半鳘、银鮈、高体近红鲌、厚颌鲂、花鳕、红尾副鳅和吻鮈23种鱼类的营养级介于2.40～3.00，主要以水生无脊椎动物为食；大鳍鳠、切尾拟鲿、金沙鲈鲤、翘嘴鲌、马口鱼、鳜、鲇、乌鳢、长薄鳅和蒙古鲌10种鱼类的营养级大于3.00，主要摄食虾类、蟹类和小型鱼类（图7.2）。

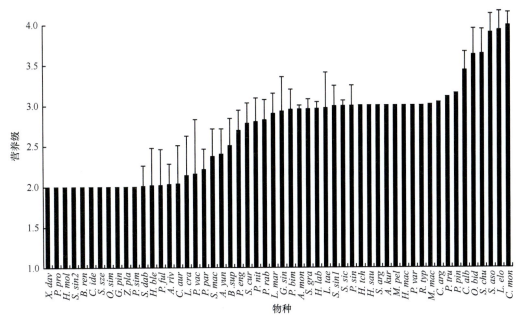

图7.2 赤水河54种鱼类的营养级（横杆示标准误）

7.4 营养生态位重叠

相似性分析显示，1431对鱼类组合中，营养生态位高度重叠（即相似性系数大于60%）的鱼类有97对，比例为6.78%（表7.3）。高度的营养生态位重叠主要集中在以藻类为食的宽鳍鱲、黄尾鲴、鲢、华鲮、白甲鱼、泉水鱼、长江孟加拉鲮、贝氏鳘、麦穗鱼、墨头鱼、四川华吸鳅和似鳊之间，以鱼类为食的马口鱼、翘嘴鲌、鲇、鳜、乌鳢、长薄鳅和蒙古鲌之间，以软体动物为食的厚颌鲂、银鮈、中华倒刺鲃、吻鮈和花鳕之间，以及众多以水生昆虫为食的种类之间，如高体近红鲌、飘鱼、张氏鳘、半鳘、中华纹胸鳅、西昌华吸鳅、寡鳞飘鱼、半鳘、云南光唇鱼、昆明裂腹鱼、光泽黄颡鱼、白缘䱀、中华沙鳅、紫薄鳅、双斑副沙鳅、红尾副鳅、蛇鮈、棒花鱼、鲫、黄颡鱼、瓦氏黄颡鱼和粗唇鮠等。

表 7.3 赤水河 54 种鱼类的营养生态位重叠指数（Bray-Curtis 相似性系数）

种类	Z. pla	O. bid	C. ide	S. cur	A. kur	P. sin	P. eng	H. tch	H. ble	H. sau	C. alb	C. mon	S. mac	M. pel	P. sim	X. dav	H. mol	S. dab
Z. pla	100.00	0.19	3.10	36.74	0.65	0.25	0.89	2.24	21.82	1.49	0.18	0.00	0.44	0.29	5.06	97.15	88.69	0.17
O. bid	0.19	100.00	0.21	0.18	0.19	0.20	0.18	0.21	0.19	0.20	43.83	60.61	0.16	0.21	0.31	0.19	0.21	0.15
C. ide	3.10	0.21	100.00	2.90	0.69	0.27	0.95	2.42	3.06	1.60	0.20	0.00	38.16	0.31	3.02	3.05	3.40	0.18
S. cur	36.74	0.18	2.90	100.00	0.61	0.23	0.84	2.10	3.20	6.74	0.17	0.00	5.06	0.27	4.76	36.17	39.84	0.16
A. kur	0.65	0.19	0.69	0.61	100.00	74.25	0.60	78.26	0.64	76.47	0.18	0.00	0.42	35.27	0.64	0.64	0.70	0.16
P. sin	0.25	0.20	0.27	0.23	74.25	100.00	0.23	92.31	12.06	90.02	0.19	0.00	0.20	0.27	0.24	0.25	0.27	0.17
P. eng	0.89	0.18	0.95	0.84	0.60	0.23	100.00	0.95	0.88	0.93	0.17	0.00	35.00	0.26	17.47	0.87	0.96	0.18
H. tch	2.24	0.21	2.42	2.10	78.26	92.31	0.95	100.00	2.21	96.44	0.20	0.00	0.46	0.31	2.19	2.20	2.46	0.18
H. ble	21.82	0.19	3.06	3.20	0.64	12.06	0.88	2.21	100.00	1.47	0.18	0.00	0.43	0.28	3.32	25.93	3.70	0.16
H. sau	1.49	0.20	1.60	6.74	76.47	90.02	0.93	96.44	1.47	100.00	0.19	0.00	4.96	0.30	1.45	1.46	1.63	0.18
C. alb	0.18	43.83	0.20	0.17	0.18	0.19	0.17	0.20	0.18	0.19	100.00	50.05	0.15	0.20	0.18	0.18	0.20	0.15
C. mon	0.00	60.61	0.00	0.00	0.00	0.00	0.00	0.00	0.00	0.00	50.05	100.00	0.00	0.00	0.00	0.00	0.00	0.00
S. mac	0.44	0.16	38.16	5.06	0.42	0.20	35.00	0.46	0.43	4.96	0.15	0.00	100.00	0.22	14.82	0.43	0.47	40.40
M. pel	0.29	0.21	0.31	0.27	35.27	0.27	0.26	0.31	0.28	0.30	0.20	0.00	0.22	100.00	0.28	0.28	0.31	0.18
P. sim	5.06	0.31	3.02	4.76	0.64	0.24	17.47	2.19	3.32	1.45	0.18	0.00	14.82	0.28	100.00	4.98	5.50	18.89
X. dav	97.15	0.19	3.05	36.17	0.64	0.25	0.87	2.20	25.93	1.46	0.18	0.00	0.43	0.28	4.98	100.00	85.80	0.16
H. mol	88.69	0.21	3.40	39.84	0.70	0.27	0.96	2.46	3.70	1.63	0.20	0.00	0.47	0.31	5.50	85.80	100.00	0.18
S. dab	0.17	0.15	0.18	0.16	0.16	0.17	52.55	0.18	0.16	0.18	0.15	0.00	40.40	0.18	18.89	0.16	0.18	100.00
S. arg	1.25	0.27	0.83	0.72	34.64	0.26	5.69	0.83	1.24	0.81	0.19	0.00	0.46	96.36	0.82	1.23	0.84	5.86
R. typ	0.23	0.19	0.25	0.22	13.94	0.23	0.21	0.25	0.23	0.24	1.40	0.00	0.18	15.96	0.22	0.22	0.25	0.16
H. lab	0.32	0.25	0.17	0.15	39.41	42.08	63.37	43.84	0.32	42.96	0.15	0.00	11.59	0.17	14.72	0.32	0.17	21.67

续表

种类	Z. pla	O. bid	C. ide	S. eur	A. kur	P. sin	P. eng	H. tch	H. ble	H. situ	C. alb	C. mon	S. mac	M. pel	P. sim	X. dav	H. mol	S. dab
H. mac	0.27	0.13	0.14	0.13	32.90	35.34	0.12	36.94	0.26	36.14	0.13	0.00	7.04	0.14	0.14	0.26	0.14	0.14
P. par	18.47	0.18	1.09	0.96	0.61	0.23	34.26	1.09	69.58	1.07	0.17	0.00	0.41	0.27	1.00	22.42	1.10	8.25
A. riv	0.00	0.00	0.00	0.00	0.00	0.00	57.07	0.00	0.00	0.00	0.00	0.00	39.40	0.00	18.23	0.00	0.00	96.05
S. sin1	88.69	0.21	3.40	39.84	0.70	0.27	0.96	2.46	3.70	1.63	0.20	0.00	0.47	0.31	5.50	85.80	100.00	0.18
O. sim	93.24	0.20	3.27	38.43	0.68	0.26	0.93	2.36	11.36	1.56	0.19	0.00	0.45	0.30	5.30	90.38	95.48	0.17
S. sin2	0.29	0.20	8.75	0.27	33.93	0.26	0.26	0.31	0.28	0.30	0.19	0.00	6.43	95.16	0.28	0.28	0.31	0.17
A. yun	4.18	0.18	2.47	3.37	29.29	30.86	63.80	33.68	3.38	32.47	2.10	0.00	33.01	0.23	18.04	4.12	3.79	60.93
A. mon	0.89	0.15	0.94	0.85	0.49	0.18	54.56	0.94	0.88	0.92	1.93	0.00	11.92	0.21	14.17	0.88	0.95	20.62
P. pin	0.00	37.82	0.00	0.00	0.00	0.00	0.00	0.00	0.00	0.00	0.00	10.08	0.00	0.00	0.00	0.00	0.00	0.00
G. imb	32.10	0.20	3.18	12.20	0.66	0.26	0.91	2.30	87.01	1.53	0.19	0.00	0.45	0.29	5.18	36.18	14.21	0.17
P. pro	90.46	0.21	3.35	39.26	0.69	0.27	0.95	2.42	6.74	1.60	0.20	0.00	0.46	0.31	5.42	87.58	98.25	0.18
B. ren	88.69	0.21	3.40	39.84	0.70	0.27	0.96	2.46	3.70	1.63	0.20	0.00	0.47	0.31	5.50	85.80	100.00	0.18
S. gra	17.20	0.18	2.91	15.74	12.64	13.19	61.58	15.68	3.71	14.66	0.17	0.00	0.42	0.27	4.78	16.93	18.11	8.31
C. aur	0.75	0.25	0.63	0.55	0.56	0.24	42.30	0.63	0.75	0.62	2.50	0.00	38.60	0.28	18.18	0.74	0.64	83.62
P. rab	1.25	0.15	22.01	1.19	25.09	0.19	50.76	1.32	1.24	1.10	0.14	0.00	31.74	47.35	14.80	1.23	1.33	24.89
S. aso	0.00	57.32	0.00	0.00	0.00	0.00	0.00	0.00	0.00	0.00	71.10	79.25	0.00	0.00	0.00	0.00	0.00	0.00
P. ful	0.39	0.19	0.42	0.36	7.09	7.51	49.95	8.05	0.38	7.85	2.52	0.00	38.73	0.28	18.06	0.38	0.42	93.62
P. vac	1.27	0.18	0.55	0.49	0.49	0.23	53.55	0.55	1.25	0.54	0.17	0.00	36.59	0.26	16.94	1.25	0.56	83.62
P. nit	0.82	0.25	0.57	0.52	0.52	0.20	60.04	0.58	0.81	0.56	2.10	8.70	31.28	0.23	15.04	0.81	0.58	45.59
P. tru	0.29	0.17	0.31	0.27	47.55	50.73	3.52	52.96	0.29	51.89	0.16	6.77	0.24	0.24	0.28	0.28	0.31	3.75
L. cra	0.71	0.94	0.30	0.26	3.30	3.46	37.25	3.69	0.70	3.61	2.22	9.28	34.56	0.24	15.71	0.70	0.30	69.61

续表

种类	Z. pla	O. bid	C. ide	S. cur	A. kur	P. sin	P. eng	H. tch	H. ble	H. sau	C. alb	C. mon	S. mac	M. pel	P. sim	X. dav	H. mol	S. dab
M. mac	0.09	0.08	3.89	0.08	0.08	0.09	52.28	0.09	0.09	0.09	0.36	0.00	8.31	0.09	0.09	0.09	0.09	6.98
L. mar	0.94	0.19	0.47	0.41	0.42	0.24	86.30	0.47	0.93	0.46	0.18	0.00	20.88	0.28	17.82	0.93	0.48	35.20
G. sin	11.18	0.00	0.00	0.00	68.63	78.10	16.54	81.84	11.05	79.97	0.00	0.00	14.40	0.00	17.03	11.00	0.00	18.60
S. chu	0.04	59.73	0.05	0.04	0.04	0.04	0.04	0.05	0.04	0.05	65.17	49.58	5.00	0.05	0.04	0.04	0.05	0.05
C. arg	0.00	0.00	0.00	0.00	0.00	0.00	0.00	0.00	0.00	0.00	62.83	0.00	0.00	0.00	0.00	0.00	0.00	0.00
B. sup	0.00	0.00	0.00	18.79	18.92	0.00	64.71	0.00	0.00	4.22	1.82	0.00	34.56	20.97	13.53	0.00	0.00	51.91
L. elo	0.00	57.45	0.00	0.00	0.00	0.00	0.00	0.00	0.00	0.00	67.22	80.82	0.00	0.00	0.00	0.00	0.00	0.00
L. tae	21.02	0.19	3.05	9.89	0.64	0.25	64.00	2.20	13.73	1.46	0.18	0.00	0.43	0.28	4.98	20.67	11.44	8.68
P. bim	0.17	0.15	0.18	0.16	0.16	0.17	81.56	0.18	0.16	0.18	0.15	0.00	15.15	0.18	18.08	0.16	0.18	28.47
H. var	0.00	0.00	0.00	0.00	25.42	27.44	62.30	28.79	0.00	28.12	0.00	0.00	0.00	0.00	0.00	0.00	0.00	8.39
S. sze	7.15	0.33	3.28	6.70	0.68	0.26	0.93	2.37	3.58	1.57	0.19	0.00	0.45	0.30	88.74	7.03	7.83	0.18
S. sic	6.32	0.18	2.75	5.43	65.45	71.70	21.36	76.67	3.61	74.40	0.17	0.00	0.40	0.25	4.53	6.22	6.20	7.86

种类	S. arg	R. typ	H. lab	H. mac	P. par	A. riv	S. sin1	O. sim	S. sin2	A. yun	A. mon	P. pin	G. pin	P. pro	B. ren	S. gra	C. aur	P. rab
Z. pla	1.25	0.23	0.32	0.27	18.47	0.00	88.69	93.24	0.29	4.18	0.89	0.00	32.10	90.46	88.69	17.20	0.75	1.25
O. bid	0.27	0.19	0.25	0.13	0.18	0.00	0.21	0.20	0.20	0.18	0.15	37.82	0.20	0.21	0.21	0.18	0.25	0.15
C. ide	0.83	0.25	0.17	0.14	1.09	0.00	3.40	3.27	8.75	2.47	0.94	0.00	3.18	3.35	3.40	2.91	0.63	22.01
S. cur	0.72	0.22	0.15	0.13	0.96	0.00	39.84	38.43	0.27	3.37	0.85	0.00	12.20	39.26	39.84	15.74	0.55	1.19
A. kur	34.64	13.94	39.41	32.90	0.61	0.00	0.70	0.68	33.93	29.29	0.49	0.00	0.66	0.69	0.70	12.64	0.56	25.09
P. sin	0.26	0.23	42.08	35.34	0.23	0.00	0.27	0.26	0.26	30.86	0.18	0.00	0.26	0.27	0.27	13.19	0.24	0.19
P. eng	5.69	0.21	63.37	0.12	34.26	57.07	0.96	0.93	0.26	63.80	54.56	0.00	0.91	0.95	0.96	61.58	42.30	50.76

续表

种类	S. arg	R. typ	H. lab	H. mac	P. par	A. riv	S. sin1	O. sim	S. sin2	A. yun	A. mon	P. pin	G. pin	P. pro	B. ren	S. gra	C. aur	P. rab
H. tch	0.83	0.25	43.84	36.94	1.09	0.00	2.46	2.36	0.31	33.68	0.94	0.00	2.30	2.42	2.46	15.68	0.63	1.32
H. ble	1.24	0.23	0.32	0.26	69.58	0.00	3.70	11.36	0.28	3.38	0.88	0.00	87.01	6.74	3.70	3.71	0.75	1.24
H. sau	0.81	0.24	42.96	36.14	1.07	0.00	1.63	1.56	0.30	32.47	0.92	0.00	1.53	1.60	1.63	14.66	0.62	1.10
C. alb	0.19	1.40	0.15	0.13	0.17	0.00	0.20	0.19	0.19	2.10	1.93	0.00	0.19	0.20	0.20	0.17	2.50	0.14
C. mon	0.00	0.00	0.00	0.00	0.00	0.00	0.00	0.00	0.00	0.00	0.00	10.08	0.00	0.00	0.00	0.00	0.00	0.00
S. mac	0.46	0.18	11.59	7.04	0.41	39.40	0.47	0.45	6.43	33.01	11.92	0.00	0.45	0.46	0.47	0.42	38.60	31.74
M. pel	96.36	15.96	0.17	0.14	0.27	0.00	0.31	0.30	95.16	0.23	0.21	0.00	0.29	0.31	0.31	0.27	0.28	47.35
P. sim	0.82	0.22	14.72	0.14	1.00	18.23	5.50	5.30	0.28	18.04	14.17	0.00	5.18	5.42	5.50	4.78	18.18	14.80
X. dav	1.23	0.22	0.32	0.26	22.42	0.00	85.80	90.38	0.28	4.12	0.88	0.00	36.18	87.58	85.80	16.93	0.74	1.23
H. mol	0.84	0.25	0.17	0.14	1.10	0.00	100.00	95.48	0.31	3.79	0.95	0.00	14.21	98.25	100.00	18.11	0.64	1.33
S. dab	5.86	0.16	21.67	0.14	8.25	96.05	0.18	0.17	0.17	60.93	20.62	0.00	0.17	0.18	0.18	8.31	83.62	24.89
S. arg	100.00	15.47	4.87	0.30	6.23	5.52	0.84	1.32	92.04	5.36	4.50	0.00	1.29	1.35	0.84	6.28	0.86	50.63
R. typ	15.47	100.00	3.97	65.51	0.21	0.00	0.25	0.24	15.95	1.27	1.80	0.00	0.23	0.25	0.25	0.22	2.37	16.61
H. lab	4.87	3.97	100.00	29.30	30.59	26.43	0.17	0.33	0.17	63.47	48.62	0.00	0.33	0.34	0.17	62.07	13.95	44.22
H. mac	0.30	65.51	29.30	100.00	0.25	0.00	0.14	0.28	0.15	27.88	0.12	0.00	0.27	0.28	0.14	11.73	0.30	2.68
P. par	6.23	0.21	30.59	0.25	100.00	13.96	1.10	8.43	0.27	29.90	27.76	0.00	71.96	4.01	1.10	35.55	0.71	28.30
A. riv	5.52	0.00	26.43	0.00	13.96	100.00	0.00	0.00	0.00	64.69	24.85	0.00	0.00	0.00	0.00	14.07	81.25	29.13
S. sin	0.84	0.25	0.17	0.14	1.10	0.00	100.00	95.48	0.31	3.79	0.95	0.00	14.21	98.25	100.00	18.11	0.64	1.33
O. sim	1.32	0.24	0.33	0.28	8.43	0.00	95.48	100.00	0.30	4.34	0.92	0.00	21.76	97.23	95.48	17.99	0.79	1.29
S. sin	92.04	15.95	0.17	0.15	0.27	0.00	0.31	0.30	100.00	0.23	0.68	0.00	0.30	0.31	0.31	0.27	0.91	51.76

续表

种类	S. arg	R. typ	H. lab	H. mac	P. par	A. riv	S. sin1	O. sim	S. sin2	A. yun	A. mon	P. pin	G. pin	P. pro	B. ren	S. gra	C. aur	P. rab
A. yun	5.36	1.27	63.47	27.88	29.90	64.69	3.79	4.34	0.23	100.00	38.13	0.00	4.26	4.42	3.79	42.73	54.69	39.80
A. mon	4.50	1.80	48.62	0.12	27.76	24.85	0.95	0.92	0.68	38.13	100.00	0.00	0.91	0.94	0.95	42.45	29.89	39.72
P. pin	0.00	0.00	0.00	0.00	0.00	0.00	0.00	0.00	0.00	0.00	0.00	100.00	0.00	0.00	0.00	0.00	0.00	0.00
G. imb	1.29	0.23	0.33	0.27	71.96	0.00	14.21	21.76	0.30	4.26	0.91	0.00	100.00	17.20	14.21	12.76	0.77	1.27
P. pro	1.35	0.25	0.34	0.28	4.01	0.00	98.25	97.23	0.31	4.42	0.94	0.00	17.20	100.00	98.25	18.38	0.81	1.31
B. ren	0.84	0.25	0.17	0.14	1.10	0.00	100.00	95.48	0.31	3.79	0.95	0.00	14.21	98.25	100.00	18.11	0.64	1.33
S. gra	6.28	0.22	62.07	11.73	35.55	14.07	18.11	17.99	0.27	42.73	42.45	0.00	12.76	18.38	18.11	100.00	0.71	35.13
C. aur	0.86	2.37	13.95	0.30	0.71	81.25	0.64	0.79	0.91	54.69	29.89	0.00	0.77	0.81	0.64	0.71	100.00	17.87
P. rab	50.63	16.61	44.22	2.68	28.30	29.13	1.33	1.29	51.76	39.80	39.72	0.00	1.27	1.31	1.33	35.13	17.87	100.00
S. aso	0.00	0.00	0.00	0.00	0.00	0.00	0.00	0.00	0.00	0.00	0.00	0.00	0.00	0.00	0.00	0.00	0.00	0.00
P. ful	5.75	2.26	26.54	6.56	7.99	90.43	0.42	0.41	0.92	66.74	23.23	0.00	0.40	0.42	0.42	14.73	83.59	23.97
P. vac	5.92	0.21	25.70	0.25	15.18	87.33	0.56	1.32	0.26	62.13	25.97	0.00	1.30	1.35	0.56	15.04	72.82	28.38
P. nit	5.17	1.96	34.43	0.24	25.72	49.68	0.58	0.85	0.74	55.98	36.96	46.26	0.83	0.86	0.58	25.87	42.74	36.22
P. tru	3.94	0.19	38.52	29.45	3.57	3.53	0.31	0.30	0.24	29.16	2.90	6.18	0.29	0.31	0.31	14.30	0.28	2.95
L. cra	0.70	1.35	15.17	3.15	0.67	67.85	0.30	0.73	0.24	51.24	15.14	18.41	0.72	0.75	0.30	3.69	69.45	15.98
M. mac	4.39	0.38	44.63	5.91	29.34	11.93	0.09	0.09	3.81	25.36	37.05	0.00	0.09	0.09	0.09	54.57	0.38	32.82
L. mar	6.17	0.22	66.13	0.26	35.85	40.40	0.48	0.99	0.28	50.76	56.18	0.00	0.97	1.01	0.48	73.32	25.57	52.27
G. sin	0.46	0.00	52.65	32.88	10.50	18.12	0.00	7.46	0.00	43.90	13.20	0.00	11.44	2.96	0.00	12.50	17.61	13.59
S. chu	0.05	0.04	0.04	5.50	0.04	0.00	0.05	0.05	0.05	0.04	0.03	15.88	0.04	0.05	0.05	0.04	0.04	0.04
C. arg	0.00	0.00	0.00	0.00	0.00	0.00	0.00	0.00	0.00	0.00	0.00	0.00	0.00	0.00	0.00	0.00	0.00	0.00

续表

种类	S. arg	R. typ	H. lab	H. mac	P. par	A. riv	S. sin1	O. sim	S. sin2	A. yun	A. mon	P. pin	G. pin	P. pro	B. ren	S. gra	C. aur	P. rab
B. sup	24.50	12.54	40.46	0.02	27.44	55.71	0.00	0.00	20.82	63.40	43.67	0.00	0.00	0.00	0.00	32.63	50.37	57.30
L. elo	0.00	0.00	0.00	0.00	0.00	0.00	0.00	0.00	0.00	0.00	0.00	0.00	0.00	0.00	0.00	0.00	0.00	0.00
L. tae	6.56	0.22	53.28	0.26	46.31	14.67	11.44	18.77	0.28	33.74	43.79	0.00	21.53	14.34	11.44	85.06	0.74	36.25
P. bim	5.59	0.16	67.65	0.13	36.14	34.02	0.18	0.17	0.17	45.30	57.25	0.00	0.17	0.18	0.18	75.91	18.53	49.70
H. var	5.25	0.00	74.71	24.24	34.99	14.46	0.00	0.00	0.00	50.99	42.46	0.00	0.00	0.00	0.00	84.37	0.00	34.65
S. sze	0.89	0.24	1.19	0.16	1.07	0.00	7.83	7.52	0.30	3.72	0.92	0.00	7.34	7.71	7.83	6.72	0.69	1.30
S. sic	5.93	0.20	56.31	31.28	22.28	13.31	6.20	6.59	0.26	49.28	17.56	0.00	6.45	6.73	6.20	38.22	0.67	18.20

续表

种类	S. aso	P. ful	P. vac	P. nit	P. tru	L. cra	M. mac	L. mar	G. sin	S. chu	C. arg	B. sup	L. elo	L. tae	P. bim	P. var	S. sze	S. sic
Z. pla	0.00	0.39	1.27	0.82	0.29	0.71	0.09	0.94	11.18	0.04	0.00	0.00	0.00	21.02	0.17	0.00	7.15	6.32
O. bid	57.32	0.19	0.18	0.25	0.17	0.94	0.08	0.19	0.00	59.73	0.00	0.00	57.45	0.19	0.15	0.00	0.33	0.18
C. ide	0.00	0.42	0.55	0.57	0.31	0.30	3.89	0.47	0.00	0.05	0.00	0.00	0.00	3.05	0.18	0.00	3.28	2.75
S. cur	0.00	0.36	0.49	0.52	0.27	0.26	0.08	0.41	0.00	0.04	0.00	18.79	0.00	9.89	0.16	0.00	6.70	5.43
A. kur	0.00	7.09	0.49	0.52	47.55	3.30	0.08	0.42	68.63	0.04	0.00	18.92	0.00	0.64	0.16	25.42	0.68	65.45
P. sin	0.00	7.51	0.23	0.20	50.73	3.46	0.09	0.24	78.10	0.04	0.00	0.00	0.00	0.25	0.17	27.44	0.26	71.70
P. eng	0.00	49.95	53.55	60.04	3.52	37.25	52.28	86.30	16.54	0.04	0.00	64.71	0.00	64.00	81.56	62.30	0.93	21.36
H. tch	0.00	8.05	0.55	0.58	52.96	3.69	0.09	0.47	81.84	0.05	0.00	0.00	0.00	2.20	0.18	28.79	2.37	76.67
H. ble	0.00	0.38	1.25	0.81	0.29	0.70	0.09	0.93	11.05	0.04	0.00	0.00	0.00	13.73	0.16	0.00	3.58	3.61
H. sau	0.00	7.85	0.54	0.56	51.89	3.61	0.09	0.46	79.97	0.05	0.00	4.22	0.00	1.46	0.18	28.12	1.57	74.40
C. alb	71.10	2.52	0.17	2.10	0.16	2.22	0.36	0.18	0.00	65.17	62.83	1.82	67.22	0.18	0.15	0.00	0.19	0.17
C. mon	79.25	0.00	0.00	8.70	6.77	9.28	0.00	0.00	0.00	49.58	0.00	0.00	80.82	0.00	0.00	0.00	0.00	0.00
S. mac	0.00	38.73	36.59	31.28	0.24	34.56	8.31	20.88	14.40	5.00	0.00	34.56	0.00	0.43	15.15	0.00	0.45	0.40

续表

种类	S. aso	P. ful	P. vac	P. nit	P. tru	L. cra	M. mac	L. mar	G. sin	S. chu	C. arg	B. sup	L. elo	L. tae	P. bim	P. var	S. sze	S. sic
M. pel	0.00	0.28	0.26	0.23	0.24	0.24	0.09	0.28	0.00	0.05	0.00	20.97	0.00	0.28	0.18	0.00	0.30	0.25
P. sim	0.00	18.06	16.94	15.04	0.28	15.71	0.09	17.82	17.03	0.04	0.00	13.53	0.00	4.98	18.08	0.00	88.74	4.53
X. dav	0.00	0.38	1.25	0.81	0.28	0.70	0.09	0.93	11.00	0.04	0.00	0.00	0.00	20.67	0.16	0.00	7.03	6.22
H. mol	0.00	0.42	0.56	0.58	0.31	0.30	0.09	0.48	0.00	0.05	0.00	0.00	0.00	11.44	0.18	0.00	7.83	6.20
S. dab	0.00	93.62	83.62	45.59	3.75	69.61	6.98	35.20	18.60	0.05	0.00	51.91	0.00	8.68	28.47	8.39	0.18	7.86
S. arg	0.00	5.75	5.92	5.17	3.94	0.70	4.39	6.17	0.46	0.05	0.00	24.50	0.00	6.56	5.59	5.25	0.89	5.93
R. typ	0.00	2.26	0.21	1.96	0.19	1.35	0.38	0.22	0.00	0.04	0.00	12.54	0.00	0.22	0.16	0.00	0.24	0.20
H. lab	0.00	26.54	25.70	34.43	38.52	15.17	44.63	66.13	52.65	0.04	0.00	40.46	0.00	53.28	67.65	74.71	1.19	56.31
H. mac	0.00	6.56	0.25	0.24	29.45	3.15	5.91	0.26	32.88	5.50	0.00	0.02	0.00	0.26	0.13	24.24	0.16	31.28
P. par	0.00	7.99	15.18	25.72	3.57	0.67	29.34	35.85	10.50	0.04	0.00	27.44	0.00	46.31	36.14	34.99	1.07	22.28
A. riv	0.00	90.43	87.33	49.68	3.53	67.85	11.93	40.40	18.12	0.00	0.00	55.71	0.00	14.67	34.02	14.46	0.00	13.31
S. sin	0.00	0.42	0.56	0.58	0.31	0.30	0.09	0.48	0.00	0.05	0.00	0.00	0.00	11.44	0.18	0.00	7.83	6.20
O. sim	0.00	0.41	1.32	0.85	0.30	0.73	0.09	0.99	7.46	0.05	0.00	0.00	0.00	18.77	0.17	0.00	7.52	6.59
S. sin	0.00	0.92	0.26	0.74	0.24	0.24	3.81	0.28	0.00	0.05	0.00	20.82	0.00	0.28	0.17	0.00	0.30	0.26
A. yun	0.00	66.74	62.13	55.98	29.16	51.24	25.36	50.76	43.90	0.04	0.00	63.40	0.00	33.74	45.30	50.99	3.72	49.28
A. mon	0.00	23.23	25.97	36.96	2.90	15.14	37.05	56.18	13.20	0.03	0.00	43.67	0.00	43.79	57.25	42.46	0.92	17.56
P. pin	0.00	0.00	0.00	46.26	6.18	18.41	0.00	0.00	0.00	15.88	0.00	0.00	0.00	0.00	0.00	0.00	0.00	0.00
G. imb	0.00	0.40	1.30	0.83	0.29	0.72	0.09	0.97	11.44	0.04	0.00	0.00	0.00	21.53	0.17	0.00	7.34	6.45
P. pro	0.00	0.42	1.35	0.86	0.31	0.75	0.09	1.01	2.96	0.05	0.00	0.00	0.00	14.34	0.18	0.00	7.71	6.73
B. ren	0.00	0.42	0.56	0.58	0.31	0.30	0.09	0.48	0.00	0.05	0.00	0.00	0.00	11.44	0.18	0.00	7.83	6.20
S. gra	0.00	14.73	15.04	25.87	14.30	3.69	54.57	73.32	12.50	0.04	0.00	32.63	0.00	85.06	75.91	84.37	6.72	38.22

续表

种类	S. aso	P. ful	P. vac	P. nit	P. tru	L. cra	M. mac	L. mar	G. sin	S. chu	C. arg	B. sup	L. elo	L. tae	P. bim	P. var	S. sze	S. sic
C. aur	0.00	83.59	72.82	42.74	0.28	69.45	0.38	25.57	17.61	0.04	0.00	50.37	0.00	0.74	18.53	0.00	0.69	0.67
P. rab	0.00	23.97	28.38	36.22	2.95	15.98	32.82	52.27	13.59	0.04	0.00	57.30	0.00	36.25	49.70	34.65	1.30	18.20
S. aso	100.00	0.00	0.00	0.00	0.00	0.00	0.00	0.00	0.00	66.91	28.46	0.00	95.93	0.00	0.00	0.00	0.00	0.00
P. ful	0.00	100.00	80.48	46.35	9.68	71.72	6.93	33.44	24.31	0.04	0.00	53.05	0.00	8.39	26.81	14.76	0.41	13.97
P. vac	0.00	80.48	100.00	47.44	3.49	62.59	12.20	38.71	17.10	4.64	0.00	53.42	0.00	15.88	32.18	14.44	0.54	14.39
P. nit	0.00	46.35	47.44	100.00	8.60	52.45	22.27	46.96	14.78	0.04	0.00	53.93	0.00	26.76	41.56	25.66	0.56	18.90
P. tru	0.00	9.68	3.49	8.60	100.00	15.57	22.97	3.67	47.25	3.91	0.00	2.72	0.00	3.72	3.62	25.98	0.30	48.36
L. cra	0.00	71.72	62.59	52.45	15.57	100.00	16.41	22.69	18.86	3.98	0.00	41.88	2.24	0.70	16.27	3.09	0.29	8.39
M. mac	0.00	6.93	12.20	22.27	22.97	16.41	100.00	55.76	0.00	8.72	0.00	29.00	2.10	56.44	57.15	55.71	0.09	25.04
L. mar	0.00	33.44	38.71	46.96	3.67	22.69	55.76	100.00	17.79	0.04	0.00	52.60	0.00	76.33	94.93	73.98	0.46	22.31
G. sin	0.00	24.31	17.10	14.78	47.25	18.86	0.00	17.79	100.00	0.00	0.00	13.55	0.00	9.96	17.82	25.40	0.00	67.11
S. chu	66.91	0.04	4.64	0.04	3.91	3.98	8.72	0.04	0.00	100.00	32.31	0.00	63.72	0.04	0.04	0.00	0.05	0.04
C. arg	28.46	0.00	0.00	0.00	0.00	0.00	0.00	0.00	0.00	32.31	100.00	0.00	23.71	0.00	0.00	0.00	0.00	0.00
B. sup	0.00	53.05	53.42	53.93	2.72	41.88	29.00	52.60	13.55	0.00	0.00	100.00	0.00	33.67	48.17	33.31	0.00	17.01
L. elo	95.93	0.00	0.00	0.00	0.00	2.24	2.10	0.00	0.00	63.72	23.71	0.00	100.00	0.00	0.00	0.00	0.00	2.33
L. tae	0.00	8.39	15.88	26.76	3.72	0.70	56.44	76.33	9.96	0.04	0.00	33.67	0.00	100.00	79.96	75.06	7.02	27.97
P. bim	0.00	26.81	32.18	41.56	3.62	16.27	57.15	94.93	17.82	0.04	0.00	48.17	0.00	79.96	100.00	76.21	0.18	22.21
H. var	0.00	14.76	14.44	25.66	25.98	3.09	55.71	73.98	25.40	0.00	0.00	33.31	0.00	75.06	76.21	100.00	0.00	45.46
S. sze	0.00	0.41	0.54	0.56	0.30	0.29	0.09	0.46	0.00	0.05	0.00	0.00	0.00	7.02	0.18	0.00	100.00	6.01
S. sic	0.00	13.97	14.39	18.90	48.36	8.39	25.04	22.31	67.11	0.04	0.00	17.01	2.33	27.97	22.21	45.46	6.01	100.00

7.5 营养分化及其空间格局

聚类分析显示,在40%的相似性水平上,54种鱼类可以划分为鱼食性、草食性、藻食性、软体动物食性、水生昆虫食性和杂食性6个营养共位群(图7.3)。

水生昆虫食性为第一大营养共位,由15种鱼类构成,包括切尾拟鲿、宽口光唇鱼、高体近红鲌、大鳍鳠、唇䱻、中华纹胸鳅、白缘䰇、双斑副沙鳅、昆明裂腹鱼、紫薄鳅、飘鱼、半䱖、西昌华吸鳅、张氏䱗和红尾副鳅,这些鱼类主要摄食各种水生昆虫幼虫,如蜉蝣目、双翅目、蜻蜓目、襀翅目和毛翅目等。

藻食性为第二大营养共位群,由13种鱼类构成,包括赤眼鳟、麦穗鱼、似鳊、贝氏䱗、黄尾鲴、宽鳍鱲、鲢、华鳈、白甲鱼、墨头鱼、泉水鱼、长江孟加拉鲮和四川华吸鳅,这些鱼类主要摄食各种浮游藻类和着生藻类。

杂食性为第三大营养共位群,由11种鱼类组成,包括粗唇鮠、瓦氏黄颡鱼、鲫、棒花鱼、蛇鮈、黄颡鱼、光泽黄颡鱼、中华沙鳅、大眼华鳊、寡鳞飘鱼和云南光唇鱼,这些鱼类除摄食部分水生无脊椎动物外,还大量摄食有机碎屑或藻类。

鱼食性包括金沙鲈鲤、鳜、蒙古鲌、马口鱼、翘嘴鲌、长薄鳅、鲇和乌鳢8种,主要以其他种类的小型鱼类为食。

软体动物食性包括岩原鲤、花鳅、中华倒刺鲃、银鮈、厚颌鲂和吻鮈6种,主要摄食淡水壳类、螺类和蚬类等软体动物。

草食性仅包括草鱼1种,主要以高等维管束植物为食。

总体而言,赤水河鱼类群落营养生态位分化程度较高,本节所分析的种类可以划分为6个营养共位群,其中水生昆虫食性和藻食性鱼类物种数量较多。与此同时,鱼类群落营养格局表现出明显的河流梯度变化,下游营养共位群的多样性明显高于上游,软体动物食性和草食性鱼类仅见于中游和(或)下游。此外,藻食性和水生昆虫食性鱼类的物种数量比例随着河流向下游延伸逐渐降低,而杂食性鱼类的物种数量比例表现出相反的趋势(图7.4)。

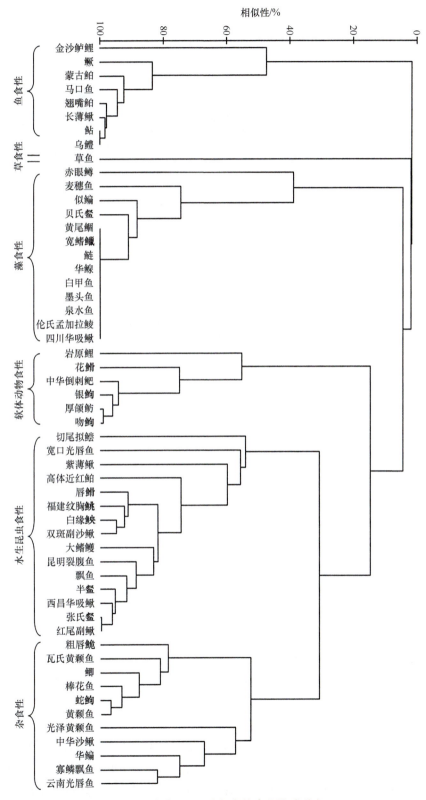

图 7.3　赤水河 54 种鱼类的食物聚类分析

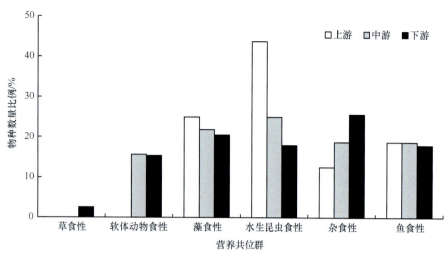

图 7.4　赤水河鱼类群落营养生态位分化

7.6　分析与讨论

7.6.1　鱼类食物组成

受摄食器官和形态特征等的限制，鱼类的食物组成一般比较稳定。对赤水河主要优势鱼类食性分析的结果显示，大部分鱼类的食物组成与以往的研究基本保持一致，如宽鳍鱲、马口鱼、赤眼鳟、草鱼、飘鱼、寡鳞飘鱼、张氏䱗、贝氏䱗、厚颌鲂、蒙古鲌、翘嘴鲌、似鳊、黄尾鲴、鲢、唇䱾、麦穗鱼、银鮈、吻鮈、中华倒刺鲃、金沙鲈鲤、云南光唇鱼、白甲鱼、长江孟加拉鲮、墨头鱼、泉水鱼、岩原鲤、鲫、鮎、四川华吸鳅、切尾拟鲿、大鳍鳠、白缘䖫、中华纹胸鮡、鳜、乌鳢、长薄鳅、紫薄鳅、双斑副沙鳅和红尾副鳅等。

但是由于采样季节、栖息水域、个体发育阶段、样本量、环境饵料基础以及分析方法不同，不同研究中同一鱼类的食物组成往往呈现出一定的差异（殷名称，1995；张堂林，2005）。钱瑾和徐刚（1998）发现，昆明裂腹鱼食物中植物性成分的出现率明显高于动物性成分，并将其视为典型的植物食性鱼类，而本研究显示，昆明裂腹鱼为水生昆虫食性。食性分析所采用的指数不同是造成该差异的主要原因，藻类虽然在食物中的出现率比较高，但是由于个体小，其在食物中所占的质量百分比较低，而水生昆虫虽然出现次数少，但个体较大，因而其在食物中所占的质量百分比较高。

文献报道，鲿科鱼类如黄颡鱼、光泽黄颡鱼、瓦氏黄颡鱼和粗唇鮠均以水生昆虫幼虫、甲壳类或小鱼小虾等为主要食物（伍律等，1989；丁瑞华，1994；余宁等，1996；邹社校，1999；杨彩根等，2003；袁刚等，2011），而本研究显示，这些鱼类均主要摄食有机碎屑，水生昆虫幼虫和鱼虾所占比例相对较小。鉤亚科的蛇鉤和棒花鱼等也呈现出相似的情况（丁瑞华，1994；周材权等，1998）。不同水域饵料资源的差异可能是导致这些鱼类食物组成不同的主要原因。赤水河下游地处四川盆地边缘，沿河森林覆盖率达近70%（王忠锁等，2007），大量的有机物质进入水体。由于这些有机物质易于获得并且资源丰富，很多杂食性鱼类便以此为食（Kortmulder，1987；Allan，1995；Dudgeon，1999；Johnson and Arunachalam，2012），这也是这些鱼类成为赤水河下游优势种类的重要原因之一。

营养生态位宽度分析显示，赤水河鱼类的营养生态位特化程度普遍较高。鲢、华鳊、长江孟加拉鲮、乌鳢、厚颌鲂、张氏䱗、草鱼和泉水鱼等24种鱼类的营养生态位宽度仅为1.00～1.10，为典型的狭食性鱼类。这些鱼类的食物组成较为单一，如长江孟加拉鲮、墨头鱼、泉水鱼、白甲鱼、四川华吸鳅和黄尾鲴仅刮食着生藻类，鲢仅滤食浮游藻类，草鱼仅摄食高等维管束植物。这些鱼类在长期的进化过程中形成了一系列适应各自摄食类型和摄食方式的形态学特征，如刮食性鱼类上下颌一般具有锐利的角质缘或者肥厚的吻皮，滤食性鱼类的鳃耙数目较多，细密且长，而草食性鱼类具有栉状咽齿，用以啃食水草。唇鲴、切尾拟鲿、鳜、云南光唇鱼、瓦氏黄颡鱼、光泽黄颡鱼、岩原鲤、中华沙鳅、宽口光唇鱼和大眼华鳊10种鱼类的营养生态位宽度介于2.00～3.00，其食物组成较为复杂，为典型的杂食性鱼类。

7.6.2 鱼类群落营养分化及其空间变化格局

本研究中，鱼类群落可以划分为6个营养共位群，分别为鱼食性（金沙鲈鲤、鳜、蒙古鲌、马口鱼、翘嘴鲌、长薄鳅、鲇和乌鳢）、草食性（草鱼）、藻食性（赤眼鳟、麦穗鱼、似鳊、贝氏䱗、黄尾鲴、宽鳍鱲、鲢、华鳊、白甲鱼、墨头鱼、泉水鱼、长江孟加拉鲮和四川华吸鳅）、软体动物食性（岩原鲤、花鲴、中华倒刺鲃、银鉤、厚颌鲂和吻鉤）、水生昆虫食性（切尾拟鲿、宽口光唇鱼、高体近红鲌、大鳍鳠、唇鲴、中华纹胸鮡、白缘䰾、双斑副沙鳅、昆明裂腹鱼、紫薄鳅、飘鱼、半䱗、西昌华吸鳅、张氏䱗和红尾副鳅）和杂食性（粗唇鮠、瓦氏黄颡鱼、鲫、棒花鱼、蛇鉤、黄颡鱼、光泽黄颡鱼、中华沙鳅、大眼华鳊、寡鳞飘鱼和云南光唇鱼），表明赤水河鱼类营养生态位特化程度较高。不同营养共位群物种之间的营养生态位重叠指数一般小于60，种间竞争压力相对较小，如鱼食性、草食性和藻食性之间几乎不存在竞争；而摄食共位群内部种间营养生态位重叠程度较高，指数一般大于60，表明其种间竞争可能较为剧烈。

大量研究表明，除食物组成的差异外，摄食地点、摄食时间和摄食行为等方面的差异均可以有效减小种间竞争压力，从而使得具有相似生态位的物种得以共存（Alanärä et al.，2001；Amarasekare，2003；Hesthagen et al.，2004；David et al.，2007；Sandlund et al.，2010）。同为鱼食性鱼类，马口鱼、金沙鲈鲤和长薄鳅主要分布于赤水河上游，而翘嘴鲌、蒙古鲌、鳜、鲇和乌鳢主要分布于赤水河中下游，其中马口鱼、金沙鲈鲤、翘嘴鲌、蒙古鲌和鳜生活于水体上层，长薄鳅、鲇和乌鳢则生活于水体中下层。分布江段以及栖息水层的不同可以减小这些鱼类的种间食物竞争压力。藻食性鱼类之间同样存在这样的分化，如白甲鱼、墨头鱼、泉水鱼和宽鳍鱲主要分布于赤水河上游，而赤眼鳟、贝氏䱗、黄尾鲴和鲢等主要分布于赤水河下游，白甲鱼、墨头鱼、泉水鱼和黄尾鲴主要刮食石块上的着生藻类，宽鳍鱲和鲢滤食表层藻类，赤眼鳟和贝氏䱗除摄食部分藻类外，还摄食无脊椎动物等。此外，部分鱼类的营养生态位宽度较广，如粗唇鮠、瓦氏黄颡鱼和光泽黄颡鱼等，它们除摄食水生昆虫幼虫外，还将有机碎屑作为重要的饵料资源，不仅可以减小种间竞争压力，还保证了种群规模的壮大。

　　赤水河作为一个连续且完整的河流生态系统，营养物质呈现出从源头到下游连续变化的特点。河流鱼类充分利用水体中的营养资源，并使得种间竞争压力最小化，从而保证鱼类群落结构和功能的稳定。

08

第 8 章　赤水河水生生物保护

8.1 生态保护价值

赤水河素有"生态河""美酒河""美景河"和"英雄河"之美誉，流域独特的自然景观和人文景观，承载了生态、科研、美学和历史文化等多重价值，其生态价值尤为瞩目。据不完全统计，赤水河流域共分布有植物 257 科 883 属 1700 余种，其中水生浮游植物有 39 科 72 属 222 种，苔藓植物有 41 科 60 属 67 种，蕨类植物有 34 科 53 属 104 种，种子植物有 165 科 735 属 1529 种，国家重点保护（Ⅰ～Ⅲ级）野生植物有 38 种；动物组成以东洋界成分为主，其中浮游动物有 70 属 126 种，底栖无脊椎动物有 64 科 215 种，两栖爬行动物有 10 科 17 属 20 种，鸟类有 19 科 88 属 126 种，兽类有 21 科 39 属 44 种，国家Ⅰ级重点保护野生动物有 5 种，国家Ⅱ级重点保护野生动物有 27 种。作为长江上游唯一一条仍然保持着自然流态的大型一级支流，赤水河在长江上游珍稀特有鱼类保护方面的价值更是无可替代。

1）赤水河为众多长江上游珍稀特有鱼类提供了理想的栖息地和繁殖场所

赤水河流程长、流量大、水质良好、河流栖息环境复杂多样、人类活动相对较少、着生藻类和底栖无脊椎动物等饵料生物丰富，这为众多长江上游珍稀特有鱼类提供了理想的栖息地和繁殖场所。调查表明，赤水河流域鱼类资源非常丰富，共分布有土著鱼类 150 种，其中包括 2 种国家Ⅰ级重点保护鱼类、10 种国家Ⅱ级重点保护鱼类以及 45 种长江上游特有鱼类。在长江上游主要河流中，赤水河土著鱼类的物种数量仅次于金沙江、川江、岷江和嘉陵江，位居第五；长江上游特有鱼类的物种数量仅次于金沙江、川江和岷江，位居第四。此外，赤水河流域分布有宽唇华缨鱼和古蔺裂腹鱼 2 种仅见于该河流的特有鱼类。

赤水河分布的特有鱼类中，生态类型十分丰富，既有适应急流生活的种类（如昆明裂腹鱼、青石爬鳅和长薄鳅等），也有适应环境或静水环境的种类（如高体近红鲌、张氏䱗和厚颌鲂等）；既有凶猛的肉食性种类（如鲈鲤、长薄鳅和黑尾近红鲌等），也有温和的藻食性种类（如昆明裂腹鱼、四川白甲鱼和长江孟加拉鲮等）；既有需要通过较长距离迁移来完成生活史的洄游型种类（如长薄鳅、中华金沙鳅和岩原鲤等），也有在较小江段即可完成其生活史过程的定居型种类（如高体近红鲌、黑尾近红鲌和张氏䱗等）；既有对水文条件要求苛刻的产漂流性卵种类（如长薄鳅、小眼薄鳅和中华金沙鳅等），也有对水文要求相对不高的产沉黏性卵种类（如黑尾近红鲌、半䱗和四川华吸鳅等）。

高体近红鲌、黑尾近红鲌、半䱗、张氏䱗、厚颌鲂、宽口光唇鱼、岩原鲤、昆明裂腹鱼、双斑副沙鳅、四川华吸鳅和西昌华吸鳅等特有鱼类虽然在长江上游的其他水域也有分布，但是以赤水河的种群规模最大，可以说赤水河是它们最重要的栖息地和繁殖场所；部分特有鱼类，如四川白甲鱼、金沙鲈鲤、四川华鳊、汪氏近红鲌、长江孟加拉鲮、侧沟爬岩鳅、短身金沙鳅、青石爬鳅和短身鳅鮀等，在长江上游其他水域已经多年未见踪迹，但是仍然可以在赤水河采集到样本；宽唇华缨鱼和古蔺裂腹鱼则是仅分布于赤水河的长江上游特有鱼类。这些珍稀特有鱼类的分布范围相对狭小，并且其对水域生态环境的变化非常敏感，一旦水域生态环境受到人类活动的破坏将很难恢复，赤水河对于它们种群维持的重要性可想而知。

2）赤水河充足的流程、自然的水文节律和丰沛的水量为众多产漂流性卵鱼类提供了良好的繁殖条件

赤水河流程长（干流全长 436.5 km）、流量大（河口多年平均流量为 309 m³/s），并且它的干流尚未修建任何大坝，仍然保持着自然的水文节律，这为产漂流性卵鱼类提供了良好的繁殖条件。研究表明，赤水河至少可以满足近 20 种产漂流性卵鱼类的繁殖需求，其中包括大量在金沙江下游和长江上游珍稀特有鱼类国家级自然保护区干流繁殖的产漂流性卵鱼类，如长薄鳅、紫薄鳅、小眼薄鳅、中华沙鳅、双斑副沙鳅、花斑副沙鳅、中华金沙鳅和犁头鳅等，并且繁殖规模较大（平均 4×10^8 ind./年）。随着金沙江下游水电梯级开发的逐步实施，金沙江下游和保护区干流的水文情势和水温条件必将发生显著改变，其叠加效应将严重影响这些区域鱼类的繁殖活动，特别是产漂流性卵鱼类的繁殖活动，而赤水河由于基本不会受到金沙江下游水电开发的影响，在长江上游特有鱼类保护方面也将发挥着越来越重要的作用。一些原本在保护区干流江段栖息和繁殖的特有鱼类，还可能会进入赤水河找到它们新的栖息地和繁殖场所。

3）赤水河完整的河流生态系统类型为长江上游其他支流生态修复提供了理想的样板

选择合适的支流建立鱼类自然保护区、开展就地保护，是保护长江上游珍稀特有鱼类的有效途径。青衣江、安宁河、水洛河和藏曲等上游支流流程较长，水量较大，鱼类物种丰富，是建立鱼类自然保护区的理想位置。可惜的是，这些支流都已经修建了许多引水式小水电，使得河流水域生态系统受到严重损害，水质净化功能大为减弱，鱼类适宜栖息地和产卵场大幅度缩减，水生生物多样性锐减，一些特有种已处于濒危状态。在此背景下，有必要对这些支流已建水电设施进行拆除，并进行适当的生态修复，赤水河完整的河流生态系统类型为这些支流的生态修复提供了理想的样板。

8.2 水生生态威胁因素分析

赤水河是目前长江上游为数不多的干流仍然保持自然流态的大型一级支流，同时也是长江上游珍稀特有鱼类国家级自然保护区的重要组成部分，在长江上游珍稀特有鱼类保护方面发挥着至关重要的作用。随着长江上游干支流水电梯级开发的相继实施，长江上游干流江段的水文将发生深刻的改变，并将对生活于该水域的水生生物产生严重的、叠加的和不可逆的影响。在此情况下，一些原来在长江干流江段生活的特有鱼类，可能会在赤水河找到它们新的栖息地和繁殖场所，赤水河作为长江上游珍稀特有鱼类庇护所的作用将愈来愈显著。然而，随着流域经济社会的快速发展，赤水河的水域生态环境遭受到不同程度的

破坏，并且给珍稀特有鱼类带来了一定的不利影响。本节内容在结合现场调查与资料调研的基础上，分析了赤水河珍稀特有鱼类及其栖息地面临的主要威胁因素。

8.2.1　水电开发

虽然赤水河干流尚未修建大坝，仍然保持着自然的水文节律，但是源头及支流水电开发强度非常高。云南、贵州和四川的省小水电清理整改工作领导小组办公室提供的资料显示，截至 2020 年 5 月，赤水河流域共建有水电站 373 座（包括 2 座在建），总装机容量为 44.94 万 kW。其中，云南省有 17 座，装机容量为 2.24 万 kW，占流域总装机容量的 5%；贵州省有 224 座，装机容量为 34.3 万 kW，占流域总装机容量的 76%；四川省有 132 座（包括 2 座在建），装机容量为 8.4 万 kW，占流域总装机容量的 19%（图 8.1 和图 8.2）。

主要支流中，习水河水电站数量最多，达 51 座；其次为桐梓河，为 44 座；再次为大同河，为 37 座；古蔺河、堡合河、二道河、倒流河、风溪河和五马河所建水电站均在 10 座及以上（图 8.3）。

从赤水河主要支流水电站分布密度来看，大同河的分布密度最高，达 47 座 /（1000 km²）；其次为习水河，为 32 座 /（1000 km²）；再次为风溪河，为 31 座 /（1000 km²）（图 8.4）。

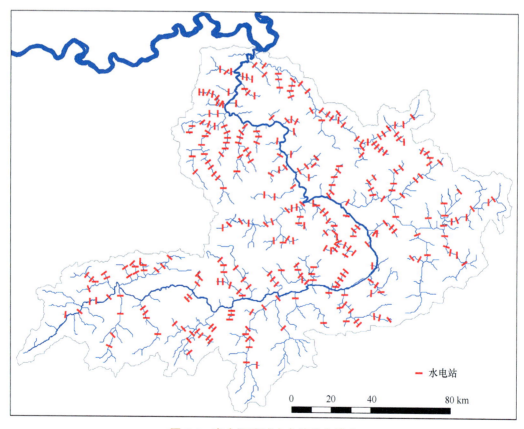

图 8.1　赤水河流域水电站分布情况

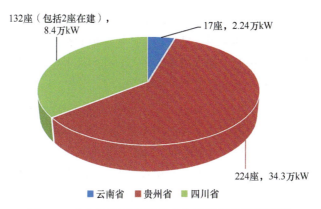

132座（包括2座在建），8.4万kW

17座，2.24万kW

224座，34.3万kW

■ 云南省 ■ 贵州省 ■ 四川省

图 8.2　赤水河流域各省份水电站数量及装机容量

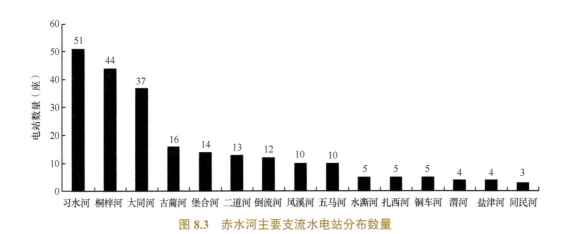

图 8.3　赤水河主要支流水电站分布数量

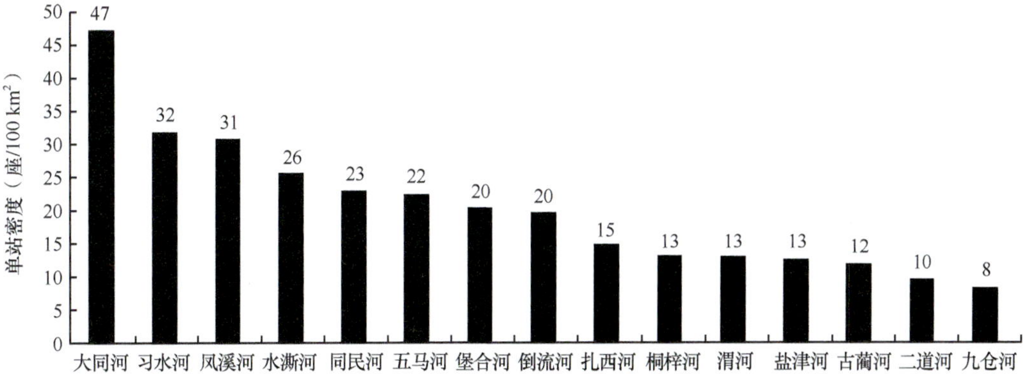

图 8.4　赤水河主要支流水电站分布密度

　　支流高强度的水电开发对赤水河水生生物多样性及其栖息环境造成严重破坏，主要表现在河流连通性以及鱼类洄游、鱼类栖息地、河流水文情势以及鱼类繁殖活动 3 个方面。

1）对河流连通性及鱼类洄游的影响

　　受东亚季风气候的影响，长江鱼类在长期的自然选择过程中，形成了一系列与长江流域水文环境和气候条件高度适应的形态、生理机能和生态习性。一些鱼类通过洄游变换栖息场所，扩大对空间环境资源的利用，最大限度地提高种群存活、摄食、繁殖和躲避不良环境条件的能力。然而，水电开发使得原本连续而完整的水生生态系统空间片段化、破碎化，给某些具有洄游习性的鱼类造成了严重影响。

使用障碍物分析工具（Barriers Analysis Tool，BAT）对赤水河的河流连通性进行分析。结果显示，赤水河干流及一级和二级支流河网总长度为 2170 km，其中保持自然连通的仅 1259 km，占天然河网长度的 58%，干流 436.5 km 全部连通。但是，支流受水电开发的影响，河流破碎化程度严重。主要支流中，桐梓河一级和二级水系总长度为 312.9 km，被划分为 51 个江段，其中连接最长的江段为 27 km，16 个江段小于 1 km；二道河一级和二级水系总长度为 113.3 km，被划分为 12 个江段，其中连接最长的江段为 57.3 km，4 个江段小于 1 km。

历史上，长江鲟和胭脂鱼等珍稀鱼类可以洄游至习水河长沙镇以上江段。但是，由于黔鱼洞水电站和高洞水电站的建设，这些珍稀鱼类的洄游通道被阻断。2022 年 5～6 月对习水河流域的鱼类资源进行了较为全面的调查。调查期间，在习水河干支流共设置了 29 个调查江段，其中干流有 12 个。结果显示，习水河干流的鱼类物种数量随着河流向上游延伸明显减少（图 8.5）。黔鱼洞水电站坝下的合江县江段采集鱼类 47 种，其中包括长江鲟、胭脂鱼和岩原鲤等国家重点保护鱼类；而黔鱼洞水电站上游的长沙镇和长期镇采集的鱼类仅 20 种左右；官渡镇至程寨镇采集的鱼类减少至 6～10 种；而大合水电站下游以上江段采集的鱼类仅 1～2 种。香农 - 维纳多样性指数表现出基本一致的变化趋势，下游的多样性指数明显高于上游，大合水电站下游江段仅采集到云南光唇鱼 1 种鱼类，香农 - 维纳多样性指数为 0（图 8.6）。

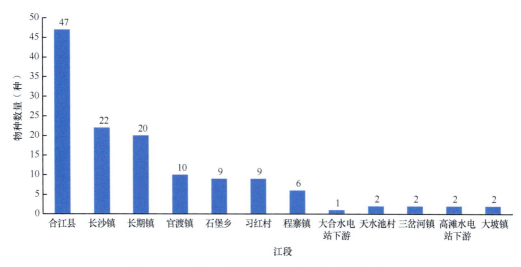

图 8.5　习水河干流鱼类物种数量的空间变化特征

习水河干流鱼类物种数量的变化趋势与环境梯度的自然变化相关，同时受梯级水电开发的影响。黔鱼洞水电站是习水河干流最下游的一个水电站，其对鱼类迁移造成明显影响。

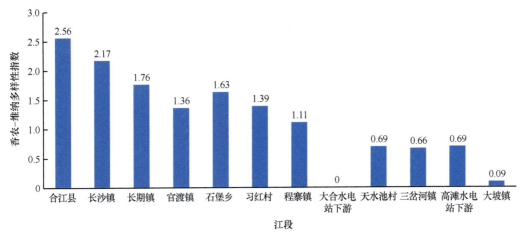

图 8.6　习水河干流鱼类香农 - 维纳多样性指数的空间变化特征

调查表明，黔鱼洞水电站坝下江段的鱼类物种数量和多样性指数均明显高于水电站以上江段。黔鱼洞水电站下游与赤水河干流以及长江干流自然连通，很多鱼类依靠不同水域之间的迁移来完成生活史过程，长江鲟、胭脂鱼、草鱼、鲢、圆筒吻鉤和长吻鮠等主要分布于长江干流的鱼类在该江段也有分布。而受黔鱼洞水电站阻隔的影响，长沙镇和长期镇江段的鱼类物种数量达 20 种左右，并且很多在坝下江段有分布的种类，如长江鲟、胭脂鱼、草鱼、鲢、圆筒吻鉤和长吻鮠等，在坝上江段完全消失。程寨镇以上江段是习水河干流小水电最为密集的江段，从小白塘至高滩约 36 km 的江段建有 14 座小水电，平均间距不足 3 km。高密度的小水电对鱼类迁移的影响进一步增强，鱼类多样性急剧降低。调查得知，小水电开发之前，高滩江段的鱼类物种数量非常丰富。但是，随着下游小水电的建设，鱼类的上溯通道被阻隔；而坝上江段受过度捕捞等人类活动的影响，鱼类资源日渐枯竭。2022 年调查期间，在高滩江段采集到 2 种鱼类（中华倒刺鲃和黄颡鱼各 1 种），但均可以断定是人工增殖放流个体。

2）对鱼类栖息地的影响

水电开发对鱼类栖息地的影响主要包括两个方面。第一，引水式水电站使得坝下江段大面积脱水，部分江段甚至断流，造成鱼类栖息地萎缩甚至消失（图 8.7 和图 8.8）。分析显示，赤水河流域的 373 座水电站中，引水式水电站有 310 座，减脱水江段总长为 606.6 km，约占赤水河干流及一级和二级支流河网总长度的 1/3。云南省的 17 座水电站全部为引水式水电站，减脱水江段长为 32.4 km。贵州省的 224 座水电站中，引水式水电站有 207 座，减脱水江段长达 402.2 km。其中，桐梓河流域的 44 座水电站中，引水式电站有 38 座，减脱水江段长为 68.2 km；习水河流域的 51 座水电站中，引水式水电站有 47 座，减脱水江段长为 95.2 km；二道河流域的 13 座水电站中，引水式水电站有 10 座，减脱水江段长为 13.88 km。四川省 132 座水电站中，引水式水电站有 86 座，减水江段长为 172 km；其中，大同河流域的 19 座水电站中，引水式水电站有 16 座，减脱水江段长为 17.2 km；倒流河流域的 9 座水电站中，引水式水电站有 7 座，减脱水江段长为 6.99 km；

古蔺河流域的 14 座水电站中，引水式水电站有 12 座，减脱水江段长为 15.41 km。减脱水江段由于河宽变窄，水深变浅，鱼类适宜栖息地大面积减少甚至消失，直接造成鱼类资源减少。此外，减脱水江段的着生藻类和底栖动物等饵料资源减少，这也会对鱼类造成一定影响。

图 8.7　习水河杨家湾水电站下游江段几近干涸

图 8.8　习水河高洞水电站下游江段严重脱水

第二，水电站蓄水使得河流原有流水生境变成静水或缓流环境，进而造成喜流水性特有鱼类因栖息地丧失而消失。长江上游特有鱼类在长期的自然选择过程中，形成了一系列与河流环境密切相关的形态特征和生态习性，绝大部分种类偏好流水生境，以黏附在石头底质上的着生藻类或者底栖动物为食。但是，受水电站蓄水的影响，库区流速减缓，水深加大，泥沙沉积，原有河道内激流河滩砾石表面生长的着生藻类，因泥沙覆盖和缺乏生长所需的水流、光照、溶氧等生存条件而消失，直接或间接以着生藻类为食的水生昆虫因食物缺乏和栖息生境消失也不复存在。

桐梓河为赤水河第一大支流，其下游江段的圆满贯水电站和杨家园水电站分别为大型和中型水库，坝高分别为 82.5 m 和 66 m，水库总库容分别为 11 820 万 m^3 和 7920 万 m^3，水电站蓄水使得河流原有峡谷急流生境变成了静水环境，进而造成宽唇华缨鱼和昆明裂腹鱼等喜流水性鱼类因栖息地丧失而消失。调查发现，目前杨家园库区和圆满贯库区鱼类群落的优势种类主要是鳘、子陵吻虾虎鱼、鲫、宽鳍鲹和马口鱼等广适性种类，仅在马鹿河、青杠河、长生河、混子河和观音寺河等库尾支流生活着一些喜流水性种类，如西昌华吸鳅、切尾拟鲿、宽唇华缨鱼、云南光唇鱼和昆明裂腹鱼等。

3）对河流水文情势以及鱼类繁殖活动的影响

桐梓河和倒流河等支流上一些具有不完全年调节能力的高库大坝在一定程度上改变了河流天然径流过程，使得赤水河干流的丰枯水量格局发生变化，进而影响鱼类的繁殖活动。

桐梓河作为赤水河第一大支流，多年平均流量为 52.9 m^3/s，约占赤水河总径流量的 1/6。位于桐梓河干流下游江段的杨家园水电站和圆满贯水电站均具有不完全年调节能力，水电站调度对赤水河的水文情势造成明显影响。本研究基于赤水河干流赤水镇、茅台镇、赤水市以及支流桐梓河二郎镇 4 个水文站近 30 年（1988～2017 年）的长序列水文数据，对圆满贯水电站和杨家园水电站建设前（1988～2009 年）和建设后（2010～2017 年）的水文情势变化进行了分析。结果显示，圆满贯水电站和杨家园水电站建设之后，赤水河干流赤水镇和茅台镇江段不同月份的平均流量年际变化不大，但是受圆满贯和杨家园 2 个梯级水电站调度的影响，支流桐梓河下游二郎镇枯水期（当年 11 月至翌年 3 月）流量明显偏低，其中 1～3 月的平均流量由 11.8 m^3/s、12.45 m^3/s 和 14.4 m^3/s 减小至 1.3 m^3/s、5.6 m^3/s 和 6.3 m^3/s，11～12 月的平均流量由 18.1 m^3/s 和 12.7 m^3/s 减小至 5.7 m^3/s 和 10.5 m^3/s，绝大部分月份的平均流量减幅达 50%，部分月份（如 1 月）的减幅甚至高达 90%。受桐梓河水电站调度的影响，赤水河下游赤水市江段枯水期的流量相应减小（图 8.9）。

运用水文变化指数（indicator of hydrologic alteration，IHA）对不同江段的水文变化特征进行分析。结果显示，圆满贯水电站和杨家园水电站建设之后，桐梓河下游水文变异指数为 0.72，呈高度变异。全部 33 个生态指标中，19 个指标高度变异。其中，高低流量频率与历时、流量变化率与频率两类指标的变化率几乎全为 100%，鱼类繁殖活动开始前的 1～3 月以及繁殖活动高峰期 8 月中值流量明显减小，短期（1～30 d）最小流量和最大流量均减小，1～7 日的最小流量和最大流量都达到 100% 的变异水平。以上结果表明，水库建设和运行对桐梓河下游水文情势的影响巨大。

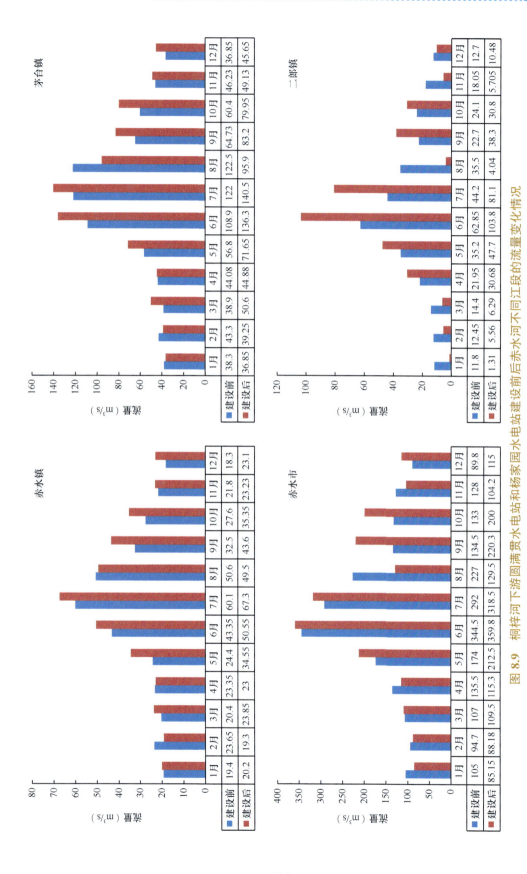

图 8.9 桐梓河下游圆满贯水电站和杨家园水电站建设前后赤水河不同江段的流量变化情况

受其他支流汇入的影响，赤水河下游赤水市江段的水文变异程度没有支流桐梓河剧烈和明显，但是部分指标仍然表现出与桐梓河下游相似的变化趋势。33 个指标中，7 个指标高度变异，4 个指标中度变异。鱼类繁殖高峰期 8 月的流量明显减小，低脉冲持续时间缩短，高脉冲事件发生次数减少。这将不可避免地对鱼类繁殖活动产生影响。

此外，圆满贯水电站和杨家园水电站的日调节引起下游江段水位频繁变动，对产沉黏性卵鱼类也造成了严重影响。两个水电站发电时的下泄流量高达 60～80 m³/s，而不发电时下泄流量仅 4 m³/s。赤水市复兴镇位于桐梓河汇口下游约 100 km，受桐梓河梯级水电站调峰的影响，该江段的水位日波动达到 30～50 cm。水电站发电放水时，很多鱼类在浅滩或者淹没的水草上产卵。但是，水电站下闸关水之后，下游水位突然下降，造成这些黏附在砾石和水草等基质上的大量鱼类受精卵暴露死亡（图 8.10）。

图 8.10　圆满贯水电站和杨家园水电站调峰运行造成大量鱼类受精卵暴露死亡（2021 年 3 月拍摄）

因此，建议按照相关文件，坚持问题导向和目标导向，结合长江上游珍稀特有鱼类的种群规模、空间分布和受影响程度等实际情况，从流域生态系统整体保护与系统修复的角度出发，充分考虑生态环境保护与区域经济社会发展，对赤水河流域小水电进行全面排查，实施分类清理整顿。

8.2.2　水污染

现场调查和资料调研均显示，赤水河水质整体较好，但是部分江段水体污染较为严重。

工业废水、农业面源污染和城镇生活污水是影响赤水河水质的主要因素。资料显示，赤水河流域酿酒、煤矿等主要企业有1200多家，年排放生产废水983.2万t、氨氮255t，化学需氧量达1.2万t；流域现有规模化畜禽养殖场121家，化学需氧量达538t，年排放氨氮108t、总氮215.5t。此外，流域年排放二氧化硫7.87万t、氮氧化物1.08万t。《贵州省赤水河流域环境保护规划（2013—2020）》显示，赤水河流域特别是上游农业垦殖密度高，耕地中81%为旱地，43%是坡度大于25°的陡坡耕地，施用的化肥、农药大部分进入赤水河，致使赤水河水体大部分总氮超标，最高超标6.8倍。此外，赤水河流域生活污水和垃圾处理设施严重不足，加剧了水域生态环境恶化的风险。2012年，赤水河流域城镇生活污水排放量达2104万t，废水污染治理设施建成率为59.2%，废水处理达标率为80.9%。

调查表明，受城镇生活污水和工农业污染的影响，赤水河源头的板桥江段以及扎西河、盐津河和古蔺河等支流的水体污染非常严重（图8.11～图8.13），特有鱼类基本绝迹或者仅剩一些耐污能力较强的种类，如鲤、鲫和麦穗鱼。近年来，随着流域酒厂的大规模扩张和城镇化建设的快速推进，赤水河流域污水排放量逐年增多，水环境压力持续加大，污水偷排漏排时有发生。2020年以来，赤水源镇、茅台镇、太平镇和长沙镇等江段多次发生污水违规排放导致的鱼类大规模死亡事件，其中包括胭脂鱼、金沙鲈鲤、岩原鲤、长薄鳅等国家重点保护野生动物，使得这些江段多年保护成果毁于一旦。近年来，赤水河流域省份均把酱香白酒作为近期重点发展产业，这一行为实施之后，赤水河水环境将面临更为严峻的考验。

图8.11 镇雄县赤水河源头江段水体严重污染

图 8.12　威信县扎西河上游水体严重污染

图 8.13　仁怀市盐津河水华现象严重

8.2.3　航道整治

　　赤水河是贵州省的黄金水道之一,保持航道畅通一直是航道部门的首要任务。目前,古蔺县太平镇岔角滩至合江县河口约 160 km 的江段为赤水河通航江段,其中合江至狗狮子的 79 km 航道达到 5 级航道标准，可通行 300 t 级船舶；狗狮子至二郎的 80 km 航道达到 6 级航道标准，可通行 150 t 级船舶。据统计，赤水河年货运量最高达 600 t 左右，占贵州省水路货运总量的 65%。贵州省和四川省等地的煤炭经太平渡运至合江县，赤水天然气化工厂将化肥运送至下游，沿岸竹材等其他杂件也较多地通过水路运输。

繁忙的航运以及由此引发的航道整治对珍稀特有鱼类及其栖息环境的影响不容忽视。调查发现，目前赤水河太平渡以下江段遍布各种丁坝和围堰，使得河道的自然形态、水体流速和流态等遭受到了不同程度的破坏，珍稀特有鱼类的摄食和繁殖活动因此而遭受不利影响。此外，部分航道整治工程甚至将河流沿岸带与主航道完全隔绝，使得珍稀特有鱼类的栖息地被严重压缩（图 8.14）。

图 8.14　赤水河中下游随处可见的各种航道整治工程

8.2.4　旅游开发

赤水河素有"生态河""美景河""美酒河"和"英雄河"之美誉，流域独特的自然景观与人文景观为旅游发展提供了良好的条件。目前，赤水河流域拥有 3 个国家级风景名胜区，以瀑布、竹海、桫椤、丹霞地貌、原始森林等自然景观为主，已开放的景区有赤水大瀑布、四洞沟、玉柱峰、红石野谷、中国侏罗纪公园、燕子岩国家森林公园、竹海国家森林公园等，并且已建成全国第一条河谷旅游公路和自行车专用车道。此外，流域各县市还在想方设法打造新的景点，以满足不同游客的需求。

调查发现，沿河工程建设基本没有考虑生态环境的影响，大量的建筑垃圾被倾倒入河道，或者工程主建筑直接侵占河道，使得河流生态空间被严重压缩（图 8.15）。冷水河等支流为了营造各种水上景观，将河道内的砾石底质全部清除，以一级级的水泥拦水坝代之，使得河道原有滩潭交错、急缓相间的自然生境被破坏殆尽，宽唇华缨鱼、条纹异黔鲮、昆明裂腹鱼和云南光唇鱼等喜急流性鱼类由于栖息地丧失而消失（图8.16）。

图8.15　赤水河旅游公路和自行车专用车道在保护区核心区依河而建

图8.16　金沙县平坝镇冷水河旅游开发致使河流生境被破坏

8.2.5 非法捕捞

根据农业部发布的《关于赤水河流域全面禁渔的通告》，赤水河流域从 2017 年 1 月 1 日 0 时起开始实施全面禁渔，禁渔时间为 10 年。但是，受巨额经济利益驱使，赤水河流域非法捕捞现象仍然非常普遍，并且存在部分退捕渔民重新参与捕捞的现象。由于沿岸各县市的捕捞船只和自用船只基本被征收，冲锋艇等轻便工具被广泛用于非法捕捞，使得非法捕捞更加隐蔽，更加难以被抓获。

非法捕捞使得珍稀特有鱼类被大量捕捞，种群恢复受到严重干扰。2019 年 1 月 18 日，赤水市葫市镇警方查获的一起非法电捕鱼案件中，犯罪嫌疑人采用电捕设备非法捕捞渔获物 50 余斤，其中包括国家二级重点保护野生鱼类岩原鲤 30 余斤。

8.3 保护对策与建议

作为目前长江上游唯一一条自然河流和长江上游珍稀特有鱼类国家级自然保护区的重要组成部分，赤水河是受金沙江下游水电开发不利影响的珍稀特有鱼类的重要栖息地和繁殖场所，同时也是长江上游河流生态系统修复的重要典范。为充分发挥赤水河的生态价值，实现珍稀特有鱼类的种群数量明显增加、生物多样性得到有效保护和水域生态环境明显好转的目标，特结合流域实际情况，提出如下对策与建议。

8.3.1 进一步加强小水电清理整改

截至 2023 年 12 月底，3 省共拆除小水电 321 座，其中 2020—2023 年分别拆除 107 座、81 座、82 座和 51 座，4 年拆除小水电数量占赤水河流域小水电总数的 86.1%。云南省的 17 座小水电已于 2020 年底全面拆除；贵州省共拆除 180 座，其中 2020—2023 年分别拆除 45 座、50 座、50 座和 35 座，4 年拆除小水电数量占贵州省赤水河流域小水电总数的 80.4%；四川省共拆除 124 座，其中 2020—2023 年分别拆除 45 座、31 座、32 座和 16 座，4 年小水电拆除数量占四川省赤水河流域小水电总数的 82.4%（表 8.1）。

表 8.1 截至 2023 年 12 月赤水河流域小水电拆除数量统计

省份	拆除数量（座）					拆除比例（%）
	2020 年	2021 年	2022 年	2023 年	合计	
云南省	17	—	—	—	17	100.0
贵州省	45	50	50	35	180	80.4
四川省	45	31	32	16	124	93.9
全流域	107	81	82	51	321	86.1

"—"表示无数据

为了科学评估小水电拆除对鱼类资源的恢复效果，本文根据习水河、大同河、古蔺河、盐井河和白沙河等主要支流典型水电站拆除之后的跟踪监测数据，对水电站拆除之后鱼类资源的变化趋势进行了初步分析。结果显示，习水河高洞水电站拆除之后，坝址下游江段减脱水现象得以消除，水量明显增加，鱼类物种数量和鱼类资源量均明显增加。大同河两汇水一站拆除之后，坝址上下游江段鱼类物种数量均增加，白甲鱼、岩原鲤和长江孟加拉鲮等喜流水性种类以及需要进行较长距离洄游的产漂流性卵鱼类中华沙鳅已经上溯到了原库区位置。古蔺河下游太平水电站、白岩滩水电站、长征水电站和永乐水电站拆除之后，不同江段鱼类物种数量均呈上升趋势，唇䱻、白甲鱼、中华倒刺鲃和大鳍鳠等主要生活于赤水河干流的喜流水性鱼类已上溯至长征水电站坝址以上江段。盐井河下游九溪口水电站、煌家沟水电站、铁索桥水电站、周家岩水电站和瓦窑水电站拆除之后，鲫等喜缓流性鱼类逐步退出，而云南光唇鱼、泉水鱼和西昌华吸鳅等喜流水性种类成为优势种。受支流大小、水电站规模以及上下游其他水电站整改进度的影响，不同支流不同江段鱼类资源的恢复程度有所差异。

为进一步促进赤水河水域生态环境好转以及珍稀特有鱼类恢复，特提出如下建议。

（1）从河流生态系统整体保护与系统修复的角度进一步完善小水电清理整改方案。河流是一个复杂的树状网络结构，上下游以及干支流拥有完全不同的栖息地特征，为鱼类提供了多样性的生境。赤水河整体位于云贵高原与四川盆地的过渡地带，流程长、流量大、栖息地复杂多样，孕育了丰富多样的鱼类资源。很多鱼类需要依靠干支流之间的迁移完成其生活史过程。另外，一些鱼类仅局限分布于某些支流中，支流流水生境对于其物种生存与发展至关重要。然而，现有整改方案对于一些重要支流的清理整改力度有限，难以全面恢复珍稀特有鱼类的栖息生境。因此，建议从流域生态系统整体修复的角度，进一步完善赤水河流域小水电清理整改方案，加大桐梓河和习水河等具有重要生态功能的支流的清理整改力度，全面恢复河流纵向连通性，恢复珍稀特有鱼类的自然生境。

（2）统一跨省河流小水电清理整改进度。赤水河干流流经云南、贵州和四川三省，部分支流也涉及不同的省份。不同省份之间清理整改进度不一致，使得小水电清理整改效果大打折扣。例如，习水河干流的高洞水电站和荔枝树水电站拆除之后，贵州省赤水市长沙镇至官渡镇的河流连通性得以贯通。但是，下游四川省合江县的黔鱼洞水电站尚未拆除，鱼类洄游通道仍然没有恢复。调查显示，目前长江鲟和胭脂鱼在黔鱼洞坝下江段均有分布，但是无法跨越大坝上溯。大同河干流赤水市的两汇水电站拆除之后，白甲鱼、岩原鲤和长江孟加拉鲮等喜流水性种类以及中华沙鳅等产漂流性卵鱼类上溯至原库区江段。但是，位于两汇水电站大坝上游 500 m 的四川省合江县两汇水电站尚未拆除。两汇水电站拆除之后，虽然鱼类得以上溯，但是上溯洄游距离有限，对于鱼类资源恢复的效果也有限。因此，建议不同省份加强跨省交流，统一小水电清理整改的进度。

（3）加强暂时保留水电站生态流量调度。由于各方面的原因，部分水电站无法在短期内拆除，需要暂时保留。但是，这些水电站仍然按照之前的运行方式在运行，水电站调度引起的水文节律改变对鱼类繁殖活动造成严重影响。调查显示，每年3～5月产沉黏性卵鱼类繁殖期，赤水河下游沿岸都有大量的沉黏性卵由于水电站引起的水位变化而暴露死亡。对于这些水电站，建议尽快制定科学合理的生态流量下泄方案，充分考虑水文季节变化以及鱼类不同生活史阶段的水文需求,以减少对鱼类繁殖等重要生活史阶段的影响。在尚未制定科学合理的生态流量下泄方案之前,这些水电站应该暂停发电调度功能。

8.3.2 开展典型受损栖息地修复示范工作

针对赤水河流域珍稀特有鱼类分布特点及重要栖息地受损现状,建议在赤水河不同江段选取典型鱼类栖息地开展修复示范工作。

1)源头鱼洞村江段典型栖息地修复

鱼洞村江段位于云南省镇雄县果珠彝族乡,属于长江上游珍稀特有鱼类国家级自然保护区的核心区。该江段喀斯特地貌发育,溶洞暗河密布,为青石爬鮡和裂腹鱼类等特有鱼类提供了良好的栖息环境(图8.17)。当冬季水温降低时,这些鱼类进入暗河以躲避严寒低温;而当春季水温升高时,重游回到地表河流进行觅食和繁殖等活动。河道内原来分布有大量的鹅卵石和砾石,是鱼类重要的摄食和活动场所,近年来,由于当地村民大量搬取河道内的石块修建房屋,河道内的自然生境受到破坏,青石爬鮡在近几年的鱼类调查中均未出现,裂腹鱼类种群规模也明显下降。因此,建议采用自然基质重塑青石爬鮡等长江上游特有鱼类的适宜生境,促进鱼类资源恢复。

图 8.17 鱼洞村江段典型栖息地修复推荐点生境特征

2)中下游干流江段典型栖息地修复

赤水河干流鱼类栖息地整体表现为蜿蜒曲折、深潭浅滩、急缓交替、深浅相间。栖息地特征分析也显示，赤水河鱼类栖息地多处于河曲发育、支流汇入、江中沙洲、浅滩深潭交替、河道突扩突缩等复杂地形聚集的江段，这些江段往往流态紊乱、水流条件多样、营养来源丰富，适合鱼类栖息和繁殖。但是，由于受到河道整治等人类活动的影响，这些鱼类栖息地受到了不同程度的破坏。在共抓大保护，不搞大开发的大趋势下，亟须对受损栖息地进行修复。此外，随着蓉遵高速、江习古高速、茅台机场和遵泸高铁的建设，赤水河流域经济社会发展对于航运的依赖性日渐降低，这客观上为栖息地修复提供了有利条件。

针对赤水河干流不同江段的栖息地特点以及珍稀特有鱼类组成，建议对赤水河中游太平至土城江段长薄鳅、短身金沙鳅和小眼薄鳅等产漂流性卵鱼类的典型产卵场进行修复，拆除部分丁坝和围堰，采取人工措施对河流底质和流场进行修复，为产漂流性卵鱼类营造适宜的产卵环境，增加幼鱼摄食和育肥场所的面积（图8.18）。同时，在赤水河下游的赤水市至合江县江段开展黑尾近红鲌、高体近红鲌和厚颌鲂等产沉黏性卵鱼类的产卵场植被修复工作。

图8.18　赤水河土城镇江段栖息地修复推荐点生境特征

3）小水电拆除后典型栖息地修复

监测表明，部分水电站拆除之后虽然河流连通性得以恢复，但是在水电站建设过程中对河流的底质以及河道地形等破坏较大，使得鱼类适宜生境大面积丧失。此外，在水电站拆除过程中，库区淤泥的泥沙大量释放到下游河道，使得河流的流速流态和底质等栖息地特征进一步改变。还有一些水电站由于拆除不彻底，大坝基础等阻隔鱼类洄游的设施仍然存在，无法满足鱼类洄游需求。如果完全依靠自然修复，势必需要一个较长的时间过程。

在此形势下，为了促进河流生态环境好转和鱼类资源恢复，可以采取一定的人工手段进行辅助修复，如人工构建深潭 - 浅滩的方法。

8.3.3　进一步提升河流水质

清洁的水源不仅是鱼类等水生生物赖以生存的物质基础，同时也是人类生存和发展的根本条件。作为流域几百万人口的重要饮用水水源和茅台等众多知名酱香白酒的重要生产用水水源，赤水河水质的好坏更是关系到流域经济社会的健康发展。调查发现，赤水河干流水质整体保持良好，但是源头江段以及部分流经城区的支流，如扎西河、盐津河和古蔺河等，水体污染较为严重。因此，建议严格按照《国务院水污染防治十条措施》《贵州省赤水河流域保护条例》《重点流域水污染防治规划（2011—2015 年）》《贵州省赤水河流域环境保护规划（2013—2020 年）》的要求，对上述河流进行环境综合整治与水生生态修复。其一，重点加强镇雄县、威信县、仁怀市和古蔺县生活污水、垃圾处理设施的建设和管理，完善收集管网和垃圾收运设施。其二，强化工业污染源整治，推进再生水利用试点。其三，加快推进农村环境综合治理，加强农业面源污染防治，大力实施农村人工湿地污水处理、垃圾收运处置及畜禽粪便处理和综合利用。

8.3.4　加强渔政管理

为进一步贯彻落实党中央国务院《关于加快推进生态文明建设的意见》，共抓大保护，不搞大开发，更好地修复水域生态环境，2016 年 12 月 27 日农业部发布《关于赤水河流域全面禁渔的通告》，宣布从 2017 年 1 月起开始在赤水河实施全面禁渔。监测表明，作为国内首条试点全面禁渔的河流，目前赤水河的禁渔效果已经初步显现，鱼类资源得到了一定程度的恢复。但是，在部分地理位置偏僻、渔政执法能力薄弱的地方，非法捕捞活动仍然非常猖獗。因此，建议渔政部门严格执行《中华人民共和国渔业法》，严厉打击电鱼、毒鱼、炸鱼和绝户网等非法捕捞方式以及制造和销售非法捕捞渔具的违法行为，保障鱼类资源自然增殖。同时，积极探索禁渔护渔新模式，组建渔民护渔队，一方面可以利用渔民熟悉水情、鱼情和吃苦耐劳的特点充实护渔力量，另一方面可以开拓渔民转产就业的新途径。

8.3.5　优化鱼类增殖放流

由于操作简单、显示度高等，增殖放流长期以来一直被当作恢复水生生物多样性的重要手段，甚至是唯一手段。在此背景下，国内鱼类增殖放流迅速发展，赤水河也不例外。据不完全统计，自长江上游珍稀特有鱼类国家级自然保护区建立以来，赤水河流域各县市增殖放流的鱼类总计超过 1250 万尾（表 8.2）。放流种类以昆明裂腹鱼、云南光唇鱼、中华倒刺鲃、鲢等人工繁殖技术相对成熟的种类为主。近年来，长江鲟、胭脂鱼、金沙鲈鲤和长薄鳅等国家重点保护对象也开始成为放流对象。

表 8.2　自保护区建立以来赤水河流域各县市历年增殖放流情况统计

放流时间	放流地点	放流种类	数量（万尾）
2011-09-17	镇雄县大湾镇	昆明裂腹鱼、中华倒刺鲃、黑尾近红鲌、岩原鲤	20
2012-05-30	镇雄县果珠彝族乡	昆明裂腹鱼、中华倒刺鲃、黑尾近红鲌、岩原鲤	4.5
2013-05-17	镇雄县果珠彝族乡	昆明裂腹鱼、中华倒刺鲃、黑尾近红鲌、岩原鲤	30
2014-11-14	镇雄县果珠彝族乡	昆明裂腹鱼、中华倒刺鲃、黑尾近红鲌、岩原鲤	21.5
2016-04-14	镇雄县大湾镇	昆明裂腹鱼、中华倒刺鲃、黑尾近红鲌、岩原鲤	19.5
2018-09-28	镇雄县坡头镇	昆明裂腹鱼、白甲鱼、中华倒刺鲃、岩原鲤、金沙鲈鲤	31
2020-09-28	镇雄县	昆明裂腹鱼、云南光唇鱼	20
2021-11-03	镇雄县	中华倒刺鲃、岩原鲤、昆明裂腹鱼、云南光唇鱼、金沙鲈鲤	106
2022-04-20	镇雄县	中华倒刺鲃、昆明裂腹鱼、岩原鲤、金沙鲈鲤、云南光唇鱼	51.728
2022-04-28	镇雄县	岩原鲤、金沙鲈鲤	5.7
2022-09-25	镇雄县	岩原鲤、中华倒刺鲃、金沙鲈鲤	67
2023-03-28	镇雄县	岩原鲤、圆口铜鱼、金沙鲈鲤、中华倒刺鲃、长薄鳅、白甲鱼	23
2012-09-28	威信县水田乡	中华倒刺鲃、昆明裂腹鱼、岩原鲤、黑尾近红鲌	20
2013-12-10	威信县倒流河	不详	21
2015-05-17	威信县水田镇	中华倒刺鲃、黑尾近红鲌、岩原鲤、昆明裂腹鱼	19.8
2016-03-25	威信县水田镇	昆明裂腹鱼、岩原鲤、中华倒刺鲃	3.35
2016-04-21	威信县水田镇	中华倒刺鲃、瓦氏黄颡鱼、昆明裂腹鱼、华鲮	20
2017-11-05	威信县	昆明裂腹鱼、黑尾近红鲌、中华倒刺鲃、岩原鲤	19
2020-11-12	威信县	昆明裂腹鱼、云南光唇鱼、金沙鲈鲤	13
2021-11-16	威信县	昆明裂腹鱼、中华倒刺鲃、白甲鱼	14
2022-04-20	威信县	中华倒刺鲃、昆明裂腹鱼、云南光唇鱼、岩原鲤、金沙鲈鲤	38
2017-12-21	叙永县赤水镇	岩原鲤	7.4
2022-04-07	叙永县	鲢、岩原鲤、金沙鲈鲤	11
2022-06-27	叙永县	中华倒刺鲃、胭脂鱼	42
2008-11-05	大方县田坎乡	昆明裂腹鱼	2
2019-03-27	七星关区	昆明裂腹鱼	3
2023-04-07	七星关区	草鱼、鲢	50.25
2014-01-07	金沙县	岩原鲤、中华倒刺鲃	8.73
2023-06-20	金沙县	长薄鳅、昆明裂腹鱼、中华倒刺鲃	5.3
2014-08-03	仁怀市桐梓河	草鱼、鲤	25
2015 年	仁怀市	岩原鲤、中华倒刺鲃	4
2016 年	仁怀市	岩原鲤、中华倒刺鲃	5.2

续表

放流时间	放流地点	放流种类	数量（万尾）
2017-11-23	仁怀市茅台镇	岩原鲤、中华倒刺鲃	17.5
2018 年	仁怀市	中华倒刺鲃	6.5
2019-05-10	仁怀市合马镇	中华倒刺鲃等	10
2019-09-13	仁怀市沙滩	岩原鲤、中华倒刺鲃	0.8
2022-06-06	仁怀市	中华倒刺鲃	50
2017-01-11	古蔺县太平镇	岩原鲤	6.5
2018-01-25	古蔺县二郎镇	岩原鲤	14
2021-06-03	古蔺县椒园乡	宽唇华缨鱼	0.27
2022-06-08	古蔺县太平镇	胭脂鱼、白甲鱼、中华倒刺鲃	95
2011-09-23	习水县二郎滩	中华倒刺鲃	8
2014-10-16	习水县土城镇	中华倒刺鲃	5
2015 年 3 月	习水县	中华倒刺鲃	5
2016 年 4 月	习水县	岩原鲤、黄颡鱼、胭脂鱼	8
2016 年 11 月	习水县	中华倒刺鲃	5
2017 年 3 月	习水县	中华倒刺鲃、黄颡鱼	12
2017 年 5 月	习水县	岩原鲤、黄颡鱼	5
2017 年 10 月	习水县	岩原鲤	6.95
2018-07-15	习水县	岩原鲤、瓦氏黄颡鱼、中华倒刺鲃、花䱻	18.55
2018-10-20	习水县	岩原鲤、中华倒刺鲃、花䱻	15.3
2019-04-23	习水县	黄颡鱼、中华倒刺鲃	21
2019-06-21	习水县土城镇	不详	6.52
2021-06-06	习水县	胭脂鱼、鲢、鳙	60
2022-09-22	习水县	圆口铜鱼	13.8
2023-06-06	习水县	岩原鲤	35
2011-12-28	赤水市大同镇	中华倒刺鲃、鲤	20
2012-05-09	赤水市	中华倒刺鲃	10
2013-09-26	赤水市	中华倒刺鲃	10
2014-12-24	赤水市大同镇、官渡镇	中华倒刺鲃、岩原鲤	7
2021-09-10	赤水市	圆口铜鱼	16.69
2021-12-28	赤水市	中华倒刺鲃、鲤	20
2023-06-05	赤水市	长江鲟	0.117
2023-08-15	赤水市	胭脂鱼、岩原鲤	0.70

续表

放流时间	放流地点	放流种类	数量（万尾）
2019-10-31	合江县	中华倒刺鲃	0.64
2022-05-06	合江县、赤水市	中华倒刺鲃	6
2022-06-17	合江县、赤水市	中华倒刺鲃	4
2023-05-23	合江县	云南光唇鱼、鲫	0.4

监测显示，近年来赤水河长江鲟和胭脂鱼2种国家重点保护鱼类在科研监测活动中的误捕数量明显增加，这可能与流域内以及邻近的长江上游干流江段开展的人工增殖放流有关。根据习水县农业农村局提供的数据，早在2016年4月该县在土城镇江段放流胭脂鱼1万尾。长江干流宜宾市和泸州市等江段每年也要开展大规模的人工增殖放流，放流种类主要为长江鲟和胭脂鱼。赤水河水域生态环境健康，饵料生物丰富，并且与长江干流保持自然连通，因而很多放流个体进入赤水河摄食育肥。但是，这些放流的长江鲟和胭脂鱼能否在赤水河发育成熟进而自然繁殖，需要进一步监测。

调查发现，目前赤水河鱼类增殖放流主要存在以下几个方面的问题。

1）放流品种不合理

目前，赤水河鱼类增殖放流活动中，对于放流品种的选择缺乏科学性。资料显示，适应河口缓流环境的黑尾近红鲌曾经被大量放流到赤水河的源头江段。但是，赤水河源头江段地处云贵高原的边缘，海拔高、水温低、水流湍急，根本不适合黑尾近红鲌等适应缓流暖水环境鱼类的生存。本课题组长期在赤水河源头江段进行鱼类资源调查，截至目前没有采集到任何黑尾近红鲌样本，表明其根本不能在该江段生存，因此将黑尾近红鲌作为赤水河源头江段的放流对象实非明智之举。此外，昆明裂腹鱼、云南光唇鱼、中华倒刺鲃和白甲鱼等本来就是赤水河的优势种类，部分县市仍然将其作为主要放流对象，不仅耗费大量的经费，还有可能对本地鱼类的种质纯洁性造成影响。

2）苗种质量无法保证

调查发现，目前赤水河增殖放流的鱼类种质无法保证，并且绝大部分放流的苗种来源于其他地区或水系。例如，放流的昆明裂腹鱼和中华倒刺鲃来自乌江水系，放流的金沙鲈鲤来自金沙江水系，放流的岩原鲤来自长江万州江段。跨水系放流极易造成原种的基因污染、遗传多样性丧失。

3）社会放生监管力度不够

除了官方组织的增殖放流活动，目前赤水河流域一些社会组织或个人自行开展的放生活动也较为常见。随意放生现象屡有发生，放生活动的苗种来源、检疫、安全评估等方面均缺乏有效监管。调查发现，散鳞镜鲤和巴西红耳龟等外来物种被大量放生到支流五马河；而在支流白沙河，来自东北地区的尖头大吻鳂和董氏须鳅已经建立起了稳定的种群，其对于昆明裂腹鱼、宽唇华缨鱼、云南光唇鱼、泉水鱼和西昌华吸鳅等土著鱼类的影响亟须重视。

4）增殖放流效果评估极为缺乏

增殖放流效果评估是一项十分重要又必不可少的工作，全面、科学地分析评估放流取得的实际效果是保证放流工作有效开展的基础。增殖放流的效益往往要通过效果评估体现，而且效果评估又是指导放流规划和计划的重要手段。调查发现，目前赤水河鱼类增殖放流过程中，普遍存在只注重放流数量、不重视放流效果评估的问题，基本上所有的增殖放流都没有进行有效的标记和后评估。

自2017年全面禁渔以来，赤水河云南光唇鱼、昆明裂腹鱼、中华倒刺鲃、白甲鱼、岩原鲤等种类的种群数量明显恢复。为避免盲目增殖放流对土著鱼类种质资源造成不利影响，亟须重新科学规划鱼类增殖放流的目标与方案，一切以经济鱼类增殖为目的的增殖放流活动都应该取缔，转而以促进珍稀濒危鱼类种群恢复为目的。

8.3.6 加强外来鱼类防控

针对近年来赤水河外来鱼类增多的现状，建议审慎引种和科学放生，加强养殖场管理，防止外来鱼类进入自然水体。同时，选择典型入侵鱼类，研究其入侵规律、生态影响效应，预测其对保护区的潜在威胁，评估保护区外来种的入侵生态风险，研发保护区入侵种的预警和防控技术。

8.3.7 加强科研监测

赤水河作为长江上游仅存的一条自然河流，河流生态系统的结构和功能独特而完整，水生生物资源丰富，这为河流生态学理论研究提供了理想的实验场所。同时，赤水河也是长江10年禁捕以及小水电清理整改等国家政策实施的先行示范区，具有重要的示范和引领作用。因此，建议尽快建立覆盖赤水河干流以及主要支流的水生生物多样性与水环境监测网络，通过长期定点监测，全面掌握珍稀特有鱼类种群数量以及河流生态系统结构与功能的演变规律，科学评估10年禁渔等相关保护措施的实施效果；系统开展河流连通性恢复、典型受损栖息地修复以及珍稀特有鱼类人工繁育与野外种群复壮技术研究，实施相关的生态修复工程，将赤水河打造为国内外河流生物多样性研究与保护的重要基地，为长江大保护国家战略提供科学理论和技术支撑。

参 考 文 献

《赤水河保护与发展调查》专家组 . 2007. 赤水河流域生态环境与社会经济发展报告 .

曹文宣 . 2000. 长江上游特有鱼类自然保护区的建设及相关问题的思考 . 长江流域资源与环境 , 9(2): 131-132.

曹文宣 , 常剑波 , 乔晔 , 等 . 2007. 长江鱼类早期资源 . 北京 : 中国水利水电出版社 .

陈建庚 . 1999. 黔西北丹霞地貌发育的成因分析及旅游资源评价 . 经济地理 , 19(1): 70-74.

陈蕾 , 邱凉 , 翟红娟 . 2011. 赤水河流域水资源保护研究 . 人民长江 , 42(2): 67-70.

陈永祥 , 罗泉笙 . 1997. 四川裂腹鱼繁殖生态生物学研究 Ⅴ、繁殖群体和繁殖习性 . 毕节师专学报 , (1): 1-5.

代梦梦 , 杨坤 , 宋昭彬 , 等 . 2019. 长江上游支流南广河的鱼类多样性及资源现状 . 生物多样性 , 27(10): 1081-1089.

刁晓明 , 罗一兵 , 李波 . 1995. 四川 55 种鱼生活史型的研究 . 生态学杂志 , 14(3): 19-25.

丁瑞华 . 1994. 四川鱼类志 . 成都 : 四川科学技术出版社 .

段辛斌 . 2008. 长江上游鱼类资源现状及早期资源调查研究 . 武汉 : 华中农业大学硕士学位论文 .

费鸿年 , 何宝全 . 1983. 广东大陆架鱼类生态学参数和生活史类型 // 淡水渔业研究中心 . 水产科技论文 (第二集). 北京 : 农业出版社 : 6-16.

高少波 . 2014. 金沙江下游支流大汶溪鱼类资源现状与保护对策 . 水生态学杂志 , 35 (6): 16-23.

贵州省地方志编纂委员会 . 1985. 贵州省志·地理志 (上册). 贵阳 : 贵州人民出版社 .

贵州省环境保护局 . 1990. 赤水桫椤自然保护区科学考察集 . 贵阳 : 贵州民族出版社 .

贵州省环境保护科学研究所 . 1990. 乌江—赤水河水系水环境背景值研究报告 .

何学福 , 唐安华 . 1983. 墨头鱼的繁殖习性及其胚胎发育 // 中国鱼类学会 . 鱼类学论文集 (第三辑). 北京 : 科学出版社 : 107-116.

何勇凤 . 2010. 长江上游特有鱼类分布格局与稀有鮈鲫种群分化的研究 . 武汉 : 中国科学院水生生物研究所博士学位论文 .

胡鸿兴 , 潘明清 , 卢卫民 , 等 . 2000. 葛洲坝及长江上游江面水鸟考察报告 . 生态学杂志 , (6): 12-15, 33.

黄真理 . 2008. 自由流淌的赤水河 : 长江上游一条独具特色和保护价值的河流 . 中国三峡建设 , 14(3): 10-19.

黄征学 . 2014. 加快赤水河区域发展的战略思路 . 中国经贸导刊 , (36): 30-33.

姜伟 . 2009. 长江上游珍稀特有鱼类国家级自然保护区干流江段鱼类早期资源研究 . 武汉 : 中国科学院水生生物研究所博士学位论文 .

冷永智 . 1986. 葛洲坝水利枢纽工程截流前后长江上游的鱼类资源 . 水产科技 , (2): 4-22.

黎明政 , 段中华 , 姜伟 , 等 . 2011. 长江干流不同江段鱼卵及仔鱼漂流特征昼夜变化的初步分析 . 长江流域资源与环境 , 20(8): 957-962.

黎明政 . 2012. 长江鱼类生活史对策及其早期生活史阶段对环境的适应 . 武汉 : 中国科学院水生生物研究所博士学位论文 .

李斌 , 江星 , 王志坚 , 等 . 2011. 三峡库区蓄水后小江鱼类资源现状 . 淡水渔业 , 41 (6): 37-42.

李世健, 陈大庆, 刘绍平, 等. 2011. 长江中游监利江段鱼卵及仔稚鱼时空分布. 淡水渔业, 41(2): 18-24.

梁琴. 2010. 赤水河流域生态学研究与生态保护现状调查. 科技信息, (24): 490.

梁象秋, 方纪祖, 杨和荃. 1996. 水生生物学 (形态和分类). 北京: 中国农业出版社.

刘成汉. 1980. 四川长江干流主要经济鱼类若干繁殖生长特性. 四川大学学报 (自然科学版), (2): 181-188.

罗秉征. 1992. 中国近海鱼类生活史型与生态学参数地理变异. 海洋与湖沼, 23(1): 63-73.

钱瑾, 徐刚. 1998. 乌江上游两种裂腹鱼食性的初步分析. 毕节师专学报, 1: 79.

任晓冬, 黄明杰. 2009. 赤水河流域产业状况与综合流域管理策略. 长江流域资源与环境, 18(2): 97-103.

任晓冬. 2010. 赤水河流域综合保护与发展策略研究. 兰州: 兰州大学博士学位论文.

孙鸿烈. 2008. 长江上游地区生态与环境问题. 北京: 中国环境科学出版社.

谭智勇. 1994. 千里赤水河行. 贵阳: 贵州人民出版社.

唐锡良. 2010. 长江上游江津江段鱼类早期资源研究. 重庆: 西南大学硕士学位论文.

王昌燮. 1959. 长江中游 "野鱼苗" 的种类鉴定. 水生生物学集刊, (3): 315-343.

王俊. 2015. 赤水河流域鱼类群落空间结构及生态过程研究. 武汉: 中国科学院大学博士学位论文.

王晓爱, 陈小勇, 杨君兴. 2009. 中国金沙江一级支流牛栏江的鱼类区系分析. 动物学研究, 30(5): 585-592.

王忠锁, 姜鲁光, 黄明杰, 等. 2007. 赤水河流域生物多样性保护现状和对策. 长江流域资源与环境, 16(2): 175-180.

吴金明. 2011. 赤水河鱼类资源的现状与保护. 武汉: 中国科学院研究生院博士学位论文.

吴正褆. 2001. 赤水河水系水环境背景值及其地球化学特征. 贵州环保科技, 7(2): 25-30.

伍律, 等. 1989. 贵州鱼类志. 贵阳: 贵州人民出版社.

杨彩根, 宋学宏, 王志林, 等. 2003. 澄湖黄颡鱼生物学特性及其资源增殖保护技术初探. 水利渔业, 23(5): 27-28.

杨志, 龚云, 董纯, 等. 2017. 黑水河下游鱼类资源现状及其保护措施. 长江流域资源与环境, 26(6): 847-855.

叶富良, 陈刚. 1998. 19 种淡水鱼类的生活史类型研究. 湛江海洋大学学报, 18(3): 11-17.

叶富良. 1988. 东江七种鱼类的生活史类型研究. 水生生物学报, 12(2): 107-115.

易伯鲁, 梁秩燊. 1964. 长江家鱼产卵场的自然条件和促使产卵的主要外界因素. 水生生物学集刊, 5(1): 1-15.

殷名称. 1995. 鱼类生态学. 北京: 中国农业出版社: 105-161.

余宁, 陆全平, 周刚. 1996. 黄颡鱼生长特征与食性的研究. 水产养殖, (3): 19-20.

袁刚, 茹辉军, 刘学勤. 2011. 洞庭湖光泽黄颡鱼食性研究. 水生生物学报, 35(2): 270-275.

翟红娟, 邱凉. 2011. 赤水河流域水资源保护与开发利用. 环境科学与管理, 36(8): 38-40.

张觉民, 何志辉. 1991. 内陆水域渔业自然资源调查手册. 北京: 中国农业出版社.

张堂林. 2005. 扁担塘鱼类生活史策略、营养特征及群落结构研究. 武汉: 中国科学院水生生物研究所博士学位论文.

章宗涉, 黄祥飞. 1991. 淡水浮游生物研究方法. 北京: 科学出版社.

赵静, 唐剑波, 黄尚书, 等. 2015. 赤水河流域水土流失类型区划分及防治对策. 湖北农业科学, 54(14): 3369-3371.

周材权, 邓其祥, 任丽萍, 等. 1998. 棒花鱼的生物学研究. 四川师范大学学报 (自然科学版), 19(3): 307-311.

邹社校. 1999. 洪湖黄颡鱼的生长、食性与渔业地位. 湖北农学院学报, (3): 240-242.

Aarts B G W, Nienhuis P H. 2003. Fish zonations and guilds as the basis for assessment of ecological integrity of large rivers. Hydrobiologia, 500: 157-178.

Adams P B. 1980. Life history patterns in marine fishes and their consequences for fisheries management. Fishery Bulletin, 78(1): 1-12.

Alanärä A, Burns M D, Metcalfe N B. 2001. Intraspecific resource partitioning in brown trout: the temporal distribution of foraging is determined by social rank. Journal of Animal Ecology, 70(6): 980-986.

Allan J D. 1995. Stream ecology: structure and function of running waters. London: Chapman and Hall.

Amarasekare P. 2003. Competitive coexistence in spatially structured environments: a synthesis. Ecology Letters, 6: 1109-1122.

Balon E K. 1975. Reproductive guilds of fishes: a proposal and definition. Journal of the Fisheries Research Board of Canada, 32(6): 821-864.

Baltz D. 1984. Life history variation among female surfperches (Perciformes: Embiotocidae). Environmental Biology of Fishes, 10(3): 159-171.

Baumgartner G, Nakatani K, Gomes L C, et al. 2004. Identification of spawning sites and natural nurseries of fishes in the upper Paraná River, Brazil. Environmental Biology of Fishes, 71: 115-125.

Baumgartner L J. 2007. Diet and feeding habits of predatory fishes upstream and downstream of a low-level weir. Journal of Fish Biology, 70: 879-894.

Berra T M. 2007. Freshwater Fish Distribution. Chicago: The University of Chicago Press.

Bialetzki A, Nakatani K, Sanches P V, et al. 2005. Larval fish assemblage in the Baía River (Mato Grosso do Sul State, Brazil): temporal and spatial patterns. Environmental Biology of Fishes, 73(1): 37-47.

Blaber S J M, Bulman C M. 1987. Diets of fishes of the upper continental slope of eastern Tasmania: content, calorific values, dietary overlap and trophic relationships. Marine Biology, 95: 345-356.

Bray R C, Curtis J M. 1957. An index for rating the similarity of species-arrangements. Ecology, 38(4): 549-558.

Brazner J C, Beals E W. 1997. Patterns in fish assemblages from coastal wetland and beach habitats in Green Bay, Lake Michigan: a multivariate analysis of abiotic and biotic forcing factors. Canadian Journal of Fisheries and Aquatic Sciences, 54(8): 1743-1761.

Breder C M, Rosen D E. 1966. Reproduction in Fishes: Modes of Reproduction in Fishes. New York: Natural History Press.

Brown A V, Armstrong M L. 1985. Propensity to drift downstream among various species of fish. Journal of Freshwater Ecology, 3(1): 3-17.

Chambers R C, Trippel E A. 1997. Early life history and recruitment in fish population. London: Chapman and Hall.

Christensen V, Pauly D. 1992. ECOPATH II - a software for balancing steady-state ecosystem models and calculating network characteristics. Ecolgoical Modelling, 61(3-4): 169-185.

Clarke K R, Warwick R M. 2001. Changes in marine communities: an approach to statistical analysis and interpretation. 2nd ed. Plymouth: PRIMPER-E.

Corrêa R, Hermes-Silva S, Reynalte-Tataje D, et al. 2010. Distribution and abundance of fish eggs and larvae in three tributaries of the Upper Uruguay River (Brazil). Environmental Biology of Fishes, 91(1): 51-61.

Darlington P J. 1948. The geographical distribution of coldblooded vertebrates. The Quarterly Review of Biology, 23(1): 1-26.

David B O, Closs G P, Crow S K, et al. 2007. Is diel activity determined by social rank in a drift-feeding stream fish dominance hierarchy? Animal Behaviour, 74(2): 259-263.

Dudgeon D. 1999. Tropical Asian Streams: Zoobenthos, Ecology and Conservation. Hong Kong: Hong Kong University Press.

Esteves E, Andrade J P. 2008. Diel and seasonal distribution patterns of eggs, embryos and larvae of Twaite shad *Alosa fallax fallax* (Lacepede, 1803) in a lowland tidal river. Acta Oecol, 34(2): 172-185.

Frimpong E A, Angermeier P L. 2010. Trait-based approaches in the analysis of stream fish communities. American Fisheries Society Symposium, 73:109-136.

Gadomski D M, Barfoot C A. 1998. Diel and distributional abundance patterns of fish embryos and larvae in the lower Columbia and Deschutes rivers. Environmental Biology of Fishes, 51: 353-368.

Gause G F. 1934. The Struggle for Existence. New York: Haefner Publishing Company.

Grossman G D. 1986. Food resource partitioning in a rocky intertidal fish assemblage. Journal of Zoology, 1(2): 317-355.

Hammar J. 2000. Cannibals and parasites: conflicting regulators of bimodality in high latitude Arctic char Salveinus alpines. Oikos, 88:33-47.

Helfman G S. 1993. Fish behaviour by day, night and twilight// Pitcher T J. Behaviour of Teleost Fishes, 2nd ed. London: Chapman and Hall: 479-512.

Hesthagen T, Saksgård R, Hegge O, et al. 2004. Niche overlap between young brown trout (*Salmo trutta*) and Siberian sculpin (*Cottus poecilopus*) in a subalpine Norwegian river. Hydrobiologia, 521: 117-125.

Hoenig J M, Gruber S H. 1990. Life-history patterns in the elasmobranchs: implications for fisheries management. NOAA Technical Report NMFS, 90: 1-16.

Houde E D. 1987. Fish early life dynamics and recruitment variability. American Fisheries Society Symposium, 2: 17-29.

Houde E D. 1989. Comparative growth, morality, and energetics of marine fish larvae: temperature and implied latitudinal effects. Fishery Bulletin, 87: 471-495.

Huet M. 1959. Profile and biology of western European streams as related to fisheries management. Transactions of the American Fisheries Society, 88: 155-163.

Hugueny H, Oberdorff T, Tedesco P A. 2010. Community ecology of river fishes: a large-scale perspective// Gido K B, Jackson D A. Community Ecology of Stream Fishes: Concepts, Approaches, and Techniques. Bethesda: American Fisheries Society: 29-62.

Humphries P. 2005. Spawning time and early life history of Murray cod, *Maccullochella peelii peelii* (Mitchell) in an Australian river. Environmental Biology of Fishes, 72: 393-407.

Hurlbert S H. 1978. The measurement of niche overlap and some relatives. Ecology, 59: 67-77.

Johnson J A, Arunachalam M. 2012. Feeding habit and food partitioning in a stream fish community of

Western Ghats, India. Environmental Biology of Fishes, 93: 51-60.

Jonsson N. 1991. Influence of water flow, water temperature and light on fish migrations in rivers. Nordic Journal of Freshwater Research, 66: 20-35.

Kawasaki T. 1980. Fundamental relations among the selections of life history in marine teleosts. Bulletin of the Japanese Society of Science and Fisheries, 46(3): 289-293.

Kawasaki T. 1983. Why do some pelagic fishes have wide fluctuations in their numbers? Biological basis of fluctuation from the viewpoint of evolutionary ecology. FAO Fisheries Report, 291: 1065-1080.

King J R, Mcfarlane G A. 2003. Marine fish life history strategies: applications to fishery management. Fisheries Management and Ecology, 10(4): 249-264.

Kortmulder K. 1987. Ecology and behaviour in tropical freshwater fish communities. Arch. Hydrobiol. Beih. Ergebn. Limnol. , 28: 503-513.

Kryzhanovsky S G. 1949. Eco-morphological principles of development among carps, loaches and catfishes. Tr. Inst. Morph. Zhiv. Severtsova, 1: 5-332.

Leaman B M, Beamish R J. 1984. Ecological and management implications of longevity in some northeast Pacific groundfishes. International North Pacific Fisheries Commission Bulletin, 42: 85-97.

Lévêque C, Oberdorff T, Paugy D, et al. 2008. Global diversity of fish (Pisces) in freshwater. Hydrobiologia, 595: 545-567.

Levins R. 1968. Evolution in Changing Environments. Princeton: Princeton University Press.

Magalhães M F. 1993. Feeding of an Iberian stream cyprinid assemblage: seasonality of resource use in a highly variable environment. Oecologia, 96: 253-260.

Mims M C, Olden J D, Shattuck Z R, et al. 2010. Life history trait diversity of native freshwater fishes in North America. Ecology of Freshwater Fish, 19(3): 390-400.

Miyazono S, Aycock J N, Miranda L E, et al. 2010. Assemblage patterns of fish functional groups relative to habitat connectivity and conditions in floodplain lakes. Ecology of Freshwater Fish, 19(4): 578-585.

Muth R T, Schmulbach J C. 1984. Downstream transport of fish larvae in a shallow prairie river. Transactions of the American Fisheries Society, 113(2): 224-230.

Novakowski G C, Hahn N S, Fugi R. 2008. Diet seasonality and food overlap of the fish assemblage in a pantanal pond. Neotropical Ichthyology, 6(4): 567-576.

Odum W E, Heald E J. 1975. The detritus-based food web of an estuarine mangrove community. Estuarine Reseach, l: 265-286.

Oksanen J, Blanchet F G, Friendly M, et al. 2019. Vegan: Community ecology package. R pack-age version 2. 5-6.

Olden J D, Kennard M J. 2010. Intercontinental comparison of fish life history strategies along a gradient of hydrologic variability. American Fisheries Society Symposium, 73: 83-107.

Pauly D, Palomares M L, Froese R, et al. 2001. Fishing down Canadian aquatic food webs. Canadian Journal of Fisheries and Aquatic Sciences, 58: 51-62.

Peňáz M, Roux A L, Jurajda P et al. 1992. Drift of larval and juvenile fishes in a by-passed floodplain of the upper River Rhoňe, France. Folia Zool, 41(3): 281-288.

Pianka E R. 1969. Sympatry of desert lizards (Ctenotus) in western Australia. Ecology, 50(6): 1012-1030.

Pianka E R. 1970. On *r*-and *K*-selection. The American Naturalist, 104(940): 592-597.

Pouilly M, Lino F, Bretenoux J-G, et al. 2003. Dietary-morphological relationships in a fish assemblage of the Bolivian Amazonian floodplain. Journal of Fish Biology, 62(5): 1137-1158.

Pusey B J, Bradshaw S D. 1996. Diet and dietary overlap in fishes of temporary waters of south western Australia. Ecology of Freshwater Fish, 5: 183-194.

Reichard M, Jurajda P, Ondračková M. 2002. The effect of light intensity on the drift of young-of-the-year cyprinid fishes. Journal of Fish Biology, 61: 1063-1066.

Ross S T. 1986. Resource partitioning in fish assemblages: a review of field studies. Copeia, (2): 352-388.

Sandlund O T, Museth J, Næsje T F, et al. 2010. Habitat use and diet of sympatric Arctic charr (*Salvelinus alpinus*) and whitefish (*Coregonus lavaretus*) in five lakes in southern Norway: not only interspecific population dominance? Hydrobiologia, 650: 27-41.

Schoener T W. 1985. Some comments on Connell's and my reviews of field experiments on interspecific competition. The American Naturalist, 125(5): 730-740.

Smith S E, Au D W, Show C. 1998. Intrinsic rebound potentials of 26 species of Pacific sharks. Marine and Freshwater Research, 49: 663-678.

Ter Braak C J F, Smilauer P. 2002. CANOCO Reference Manual and CanoDraw for Windows User's Guide: Software for Canonical Community Ordination (Version 4. 5). Microcomputer Power Ithaca, New York.

Tonkin Z, King A, Mahoney J, et al. 2007. Diel and spatial drifting patterns of silver perch Bidyanus bidyanus eggs in an Australian lowland river. Journal of Fish Biology, 70(1): 313-317.

Vannote R L, Minshall G W, Cummins K W, et al. 1980. The river continuum concept. Canadian Journal of Fisheries and Aquatic Sciences, 37(1): 130-137.

Welcomme R L, Winemiller K O, Cowx I G. 2006. Fish environmental guilds as a tool for assessment of ecological condition of rivers. River Research and Applications, 22(3): 377-396.

Winemiller K O. 2005. Life history strategies, population regulation, and implications for fisheries management. Canadian Journal of Fisheries and Aquatic Sciences, 52(4): 872-885.

Winemiller K O. 1989. Patterns of variation in life history among South-American fishes in seasonal environments. Oecologia, 81: 225-241.

Winemiller K O, Pianka E R. 1990. Organization in natural assemblages of desert lizards and tropical fishes. Ecological Monographs, 60: 27-55.

Winemiller K O, Rose K A. 1992. Patterns of life-history diversification in North American fishes: implications for population regulation. Canadian Journal of Fisheries and Aquatic Sciences, 49(10): 2196-2218.

Wootton R J. 1984. Introduction: tactics and strategies in fish reproduction// Potts G W, Wootton R J. Fish Reproduction: Strategies and Tactics. London: Academic Press: 1-12.

Zitek A, Schmutz S, Ploner A. 2004. Fish drift in a Danube sidearm-system: II. Seasonal and diurnal patterns. Journal of Fish Biology, 65(5): 1339-1357.